海沃德结果状

华优结果状

华优生长结果状

西猕9号结果状

U0244554

1

苗木摘心与植保管理

标准整形

结果母枝蔓培养

建立防风林

交叉双主蔓整形

呈 45° 角培养结果母枝

同侧结果母枝蔓间距 30～35 厘米

产量控制在 25 吨／公顷内的
猕猴桃果园枝蔓果实分布状

3

生草栽培

果园覆盖

果园间作

果园生草栽培兼养殖家禽

4

雌株夏剪及单枝叶果比

雄株花后修剪

未彻底疏果状

按标准疏果后的状况

果实套袋状

缺钙硼症状

缺磷钾症状

缺镁锰症状

6

缺铁症状

缺锰氮症状

缺锰症状

缺钾症状

7

缺硼症状

缺铜症状

缺氯症状

缺镁症状

缺氮症状

8

建设新农村农产品标准化生产丛书

猕猴桃标准化生产技术

主 编

韩礼星

编著者

李 明	齐秀娟	黄贞光	庞凤岐
姜正旺	钟彩虹	赵改荣	李玉红
朱英山	李 深	方金豹	陈锦永
余中树	郑文明	蒲仕华	陈 彬
陈美艳	庞 瑜	毛胤刚	胡忠荣

金盾出版社

内容提要

本书由中国农业科学院郑州果树研究所韩礼星等专家编著。主要介绍猕猴桃标准化生产的意义、现状及对策，猕猴桃标准化生产的品种选择、苗木繁育、选址建园、土肥水管理、整形修剪、花果管理、病虫害防治与自然灾害防御、采收处理、贮藏运输，以及果实的安全质量标准等内容。全书内容系统，语言通俗，标准明确，技术实用，可操作性强。适合猕猴桃栽培者、营销者、果业技术人员及农林院校有关专业师生学习与使用。

图书在版编目(CIP)数据

猕猴桃标准化生产技术/韩礼星主编；李明等编著．—北京：金盾出版社，2014.1(2018.5重印)
（建设新农村农产品标准化生产丛书）
ISBN 978-7-5082-4966-7

Ⅰ.①猕⋯ Ⅱ.①韩⋯②李⋯ Ⅲ.①猕猴桃—果树园艺—标准化 Ⅳ.①S663.4

中国版本图书馆 CIP 数据核字(2008)第 002079 号

金盾出版社出版、总发行
北京市太平路 5 号(地铁万寿路站往南)
邮政编码：100036 电话：68214039 83219215
传真：68276683 网址：www.jdcbs.cn
封面印刷：北京天宇星印刷厂
正文印刷：北京天宇星印刷厂
装订：北京天宇星印刷厂
各地新华书店经销
开本：787×1092 1/32 印张：6.5 彩页：8 字数：134 千字
2018 年 5 月第 1 版第 5 次印刷
印数：19 001～22 000 册 定价：19.00 元

序　言

随着改革开放的不断深入,我国的农业生产和农村经济得到了迅速发展。农产品的不断丰富,不仅保障了人民生活水平持续提高对农产品的需求,也为农产品的出口创汇创造了条件。然而,在我国农业生产的发展进程中,亦未能避开一些发达国家曾经走过的弯路,即在农产品数量持续增长的同时,农产品质量和安全相对被忽略,使之成为制约农业生产持续发展的突出问题。因此,必须建立农产品标准化体系,并通过示范加以推广。

农产品标准化体系的建立、标范、推广和实施,是农业结构战略性调整的一项基础工作。实施农产品标准化生产,是农产品质量与安全的技术保证,是节约农业资源、减少农业方面源污染的有效途径,是品牌农业和农业产业化发展的必然要求,也是农产品国际贸易和农业国际技术合作的基础。因此,也是我国农业可持续发展和农民增产增收的必由之路。

为了配合农产品标准化体系的建立和推广,促进社会主义新农村的健康发展,金盾出版社邀请农业生产和农业科技战线上的众多专家、学者,组编出版了

《建设新农村农产品标准化生产丛书》。"丛书"技术涵盖面广,涉及粮、棉、油、肉、果品、蔬菜、食用菌等农产品的标准化生产技术;内容表述深入浅出,语言通俗易懂,以便于广大农民也能阅读和使用;在编排上把农产品标准化生产与社会主义新农村建设巧妙地结合起来,以利农产品标准化生产技术在广大农村和广大农民群众中生根、开花、结果。

我相信该套"丛书"的出版发行,必将对农产品标准化生产技术的推广和社会主义新农村建设的健康发展发挥积极的指导作用。

王连铮

2006 年 9 月 25 日

注:王连铮教授是我国著名农业专家,曾任农业部常务副部长、中国农业科学院院长、中国科学技术协会副主席、中国农学会副会长、中国作物学会理事长等职。

前　　言

随着我国加入世界贸易组织,我国的果品生产和贸易不再是自家经营、封闭消费的状态,果品的大量进、出口贸易已成事实。无论是国内市场,还是国际市场,如果不积极地融入其中,就会有人去占领。为了适应猕猴桃产业领域大量高档果品的进入,在总结国际和我国猕猴桃产业发达地区经验的基础上,特编写了《猕猴桃标准化生产技术》一书,以供参考。希望在同行们的支持与帮助下,使之日臻完善,以促进我国猕猴桃标准化生产的发展。

在此,向所有为此书的形成提供相关技术、实践经验或参考意见的同行和友人致谢,也谨向关心和支持我国猕猴桃产业的同仁们表示崇高的敬意。

编 著 者

2007 年 11 月

目 录

第一章　猕猴桃标准化生产的
意义、现状及对策

第一节　猕猴桃标准化生产
的概念和意义

一、猕猴桃标准化生产的概念

　　猕猴桃标准化生产,是指以生产符合商业猕猴桃果品标准为目的的果品生产,包括猕猴桃生产整个过程中的每一项技术措施的标准化及其实施。它涉及猕猴桃生产过程中从育苗到园地选择,从建园到果园土、肥、水及植保管理,从树体营养生长到结果,从产前、产中到产后,从采前花果管理到采后处理、加工、运输和销售等所有环节,都要实行标准化的操作。要根据不同的果品要求,不断调整生产过程中某些环节的技术标准。这些技术标准,有普通猕猴桃生产标准、绿色猕猴桃生产标准、无公害猕猴桃生产标准、有机猕猴桃生产标准和生态猕猴桃生产标准。目前推行的主要为无公害猕猴桃标准化生产、绿色猕猴桃标准化生产、有机猕猴桃标准化生产和生态猕猴桃标准化生产,后三者作为更高层次的猕猴桃生产,是我国猕猴桃生产发展的方向。

二、猕猴桃标准化生产的意义

　　从 20 世纪中期迄今,从发达国家开始,世界经济发展逐步进入到全球化、一体化、标准化阶段,规模化、标准化的商品生产,逐步取代了个体经营或小作坊。世界果品贸易也不例外,逐步由农户个体生产经营,转向产业化、规模化、标准化生产经营。如果没有建立从果品生产,到产后处理、分级、包装、贮藏、运输和销售的整个产业链,包括加工的标准,没有按照标准化的要求来进行经营管理,那么,就生产不出大批量的、高质量的、能够赶上和超过猕猴桃生产水平先进的主产国,如新西兰、意大利、智利等,从而难以进入国际果品市场。实行猕猴桃标准化生产,是现代猕猴桃产业的基本标志,是猕猴桃果品优质安全的重要保证,是猕猴桃产业持续发展,猕猴桃种植者增产增收的强有力措施。

第二节　我国猕猴桃标准化生产的现状和对策

一、我国猕猴桃产业在世界猕猴桃产业格局中的地位

　　猕猴桃这一古老树种,主要起源于我国横断山脉以东、秦岭淮河以南的广大中、东、南地区。我国是世界公认的独一无二的猕猴桃起源中心,拥有猕猴桃科猕猴桃属的全部 66 个种。而除了我国之外,我国周边国家仅仅拥有 7 个种。在我国 2 400 年以前的史书中,就有利用猕猴桃在医药方面的记载。但是,在猕猴桃资源的研究和利用方面,特别是产业化经营方面,只是近 100 来年的事情,而且最先起步的是国外,而不是国内。目前,世界上种植猕猴桃的国家,主要有新西兰、意大利、智利和中国。这四个国家无论从面积和产量上,均占到世界总量的 80% 左右。

(一)出口情况

世界水果的年产量约为 5 亿吨,猕猴桃的总产量约为
1 445万吨,按照世界果品年产量计算,猕猴桃产业所占的份
额仅为 0.2%。

虽然猕猴桃只占世界果品总量的 0.2%,但是,在其主产国
新西兰、意大利和智利,却分别形成了一个不小的出口创汇产
业。据联合国粮农组织的统计(www.FAO.org),目前世界猕
猴桃的进口国家和地区多达 129 个。据统计,2003 年的世界猕
猴桃进口总量为 79 601.2 万吨,进口值为 11.136 2 亿美元。
其中进口量排前 4 位的是德国、比利时、西班牙和日本,均在
1.2 亿美元以上。中国进口量逾 4 万吨,进口值接近 4 千万
美元,在世界各猕猴桃进口国中,分别排在第十位和第十六
位。猕猴桃出口的国家和地区有 79 个,以 2003 年为例,世界
出口总量为 74 444.8 万吨,出口值为 8.329 09 亿美元,是一
个不小的数字。目前,最主要的猕猴桃出口国仍为新西兰、意
大利和智利,2000~2004 年的 5 年出口值合计,分别约占世
界猕猴桃总出口值的 41%,30% 和 9%。我国猕猴桃出口值
仅占世界出口值的 0.09%(表 1-1)。

表 1-1 我国与世界和猕猴桃主产国猕猴桃出口情况的比较

出 口	猕猴桃出口量-Qty(Mt)						
	2000 年	2001 年	2002 年	2003 年	2004 年	合 计	占世界(%)
世 界	768339	781088	713604	744448	857472	3864951	100.00
中 国	286	152	287	1631	5134	2870	0.07
智 利	112603	129720	117463	110529	132556	602671	15.59
意大利	273194	274295	238940	259004	258811	1304244	33.75
新西兰	249509	245045	231259	238209	297795	1261817	32.65

出 口	猕猴桃出口值-Val(1000 $)						
	2000 年	2001 年	2002 年	2003 年	2004 年	合 计	占世界(%)
世 界	614996	612081	720610	832909	1104266	3884862	100.00
中 国	192	64	96	633	2535	3520	0.09
智 利	62867	67318	74900	65124	93241	363450	9.36
意大利	173027	191067	249121	300613	283209	1197037	30.81
新西兰	268427	239387	263145	286092	536192	1593243	41.01

当然,中国有 13 亿人口,中国所产的猕猴桃果品主要满足国内市场的需要。但是,在中国偌大的猕猴桃高端市场上,所销售的基本上全是进口猕猴桃,这不能不令人深思。

了解以上世界猕猴桃果品贸易的统计数据,认真思考我们的产业发展现状,寻找差距,调整产业发展战略,重新定位该产业的发展方向,调节好高、中、低档果品布局,正是我们应该努力的工作重点。

(二)栽培面积和产量

世界猕猴桃主产国有四个国家,即智利、中国、意大利和新西兰。据新西兰猕猴桃首席专家绕斯弗苟森(Ross Ferguson)博士提供的资料,在 2004 年和 2005 年,这四个国家的猕猴桃总产量,约占世界猕猴桃总产量的 80%(表 1-2)。

表 1-2 2004/2005 年世界猕猴桃主产国产量统计 (单位:吨)

北半球		南半球	
国 别	总产量	国 别	总产量
中 国	350000	智 利	120000
法 国	50000	新西兰	280000
希 腊	40000	其他国家产量	30000
伊 朗	90000		

北半球		南半球	
国 别	总产量	国 别	总产量
意大利	410000		
日 本	35000		
其他国家产量	50000		
合 计	1025000	合 计	430000
全世界产量合计		1455000	

2005/2006 年,世界猕猴桃总面积为 120 000 公顷(180万亩);产量为 150 万吨,年增长幅度为 3.1%。

(三)单位面积产量

各猕猴桃主产国的单位面积产量,以新西兰为最高,平均每公顷为 25 吨,世界每公顷平均产量为 15 吨,而我国只有约8 吨(图 1-1)。这除了我国幼树面积较大的因素之外,虚报栽培面积也是一个重要原因。

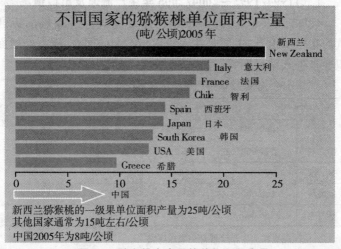

图 1-1 猕猴桃主产国的单位面积产量

(四)不同果肉颜色品种群分布

以果肉颜色来划分统计品种群结构,其中绿色的品种主要有海沃特、秦美、米良 1 号、金魁、魁蜜和徐香等;黄色果肉的品种主要有新园 16A、金果和华优等;红色果肉的品种主要有红阳、红美和天源红等(表 1-3)。

表 1-3　不同颜色果肉品种群的栽培面积　(按照占总面积的百分比)

国　别	年　份	不同颜色果肉猕猴桃栽培面积占世界猕猴桃总面积的百分比(%)		
		红　色	绿　色	黄　色
新西兰	2005	81	19	
中　国	2006	65	28	7
意大利	2005	95	5	
智　利	2005	97	3	

(五)1994/1995～2004/2005 年生产流通及出口情况

1994/1995～2004/2005 年的十年间世界猕猴桃的流通量均在稳步上升,主要是在面积逐步扩大的同时,原有幼树面积逐步进入结果期,而我国的上升最为明显(表 1-4)。

表 1-4　世界猕猴桃产量和流通量的变化　(单位:吨)

国　别	1994/1995		2004/2005	
	生产量	流通量	生产量	流通量
智　利	125 000	125 000	120 000	120 000
中　国	195 000	25 000	420 000	350 000 *
意大利	325 000	325 000	410 000	410 000
新西兰	225 000	225 000	280 000	280 000

注:中国猕猴桃的生产流通量主要在国内

2004/2005 年度,猕猴桃出口量所占总产量的份额见表 1-5。猕猴桃的出口,意大利的主要分布在欧盟各国范围内,中国主要是向外尝试性的出口,智利的是面向北美洲,新西兰的是面向全世界。

表 1-5   猕猴桃主产国出口量所占总产量的份额

国 别	所占本国总产量的份额(%)
智 利	88
中 国	<1
意大利	60
新西兰	94

以上情况表明,作为猕猴桃的发源中心和人口大国,我国猕猴桃生产情况与我国在世界的地位是不相称的。我国猕猴桃生产的栽培管理水平还比较低,单位面积产量也比较低,果实的品质还不够高。但我国生产潜力很大,经过努力,赶上猕猴桃生产的先进国家,是完全可能的。

二、我国猕猴桃标准化生产的现状

我国猕猴桃产业,从 1978 年开始起步算起,不到 30 年,取得了较大的成绩。目前,已拥有和世界猕猴桃结果面积相当的猕猴桃栽培面积,产量也位于世界前茅。全国现有大小 130 多家企业从事猕猴桃贮藏、加工和营销;在生产中得到广泛推广的品种有 15 个;总产量的 99.91% 用于内销,出口约占 0.09%。

围绕产业建设,我国的猕猴桃行业人员共做了以下七个方面卓有成效的工作:

（一）进行了营养价值分析

通过营养分析，弄清了猕猴桃的营养价值。分析表明，猕猴桃果实富含维生素C，其含量是苹果、梨、桃、葡萄和柑橘等大宗水果的几十到上百倍，多食有预防感冒、白发、便秘、癌症、动脉粥样硬化、心脑血管病和高血压等病，并具有抗衰老等作用。另外，还含有葡萄糖、果糖、柠檬酸、苹果酸、酒石酸、蛋白质、果胶、单宁、维生素B、维生素P、干性油脂、多种酶类、抗癌物质卢丁、17种氨基酸和铁、镁、钼、钙等14种矿物营养，被誉为世界首屈一指的绿色保健果品。除了鲜食之外，可以加工成果酒、果汁、果酱、果脯、果干、果冻、罐头及饮料等。但提倡以鲜食为主，鲜食能保证其所含活性维生素C不受损失。

（二）进行了经济价值分析

通过经济价值分析与生产经营实践，表明猕猴桃经济价值较高。猕猴桃比较容易结果，一般栽后2～3年开始挂果，4～5年进入丰产期，每667平方米（1亩，下同）产果1 500～2 500千克，管理特别好的果园每667平方米产果可达3 000～4 000千克。以离园价每千克1.40～2.00元计算，每667平方米收入为1 500～5 000元，比种植大田作物经济效益要高。但猕猴桃为蔓生藤本植物，其建园架材投资较大，常用的水泥柱、塑包钢丝或锌包钢丝、塑包钢材等架材，每667平方米地需投资1 000～1 500元。因此，投资回收比不用架材的果园要晚1～2年。但是，最近3年内，由于国际果品销售商的进入，猕猴桃的价格一直在攀升，以红肉、黄肉品种上升最为明显，离园价为8～12元人民币/千克，四川邛崃一个带有喷灌设施的高标准红阳果园，每667平方米投资金额超过1万元，在第四年可实现全部投资回收。

(三)进行了发展前景与规模分析

据园艺学会猕猴桃分会第二届会议的不完全统计,截止2004年,全国猕猴桃栽培面积 6 万公顷(1 公顷等于 10 000 平方米,15 亩),约合 90 万亩,结果面积 4.6 万公顷,约合 70 万亩,相当于 1998 年全国的栽培总面积;年产量 40 万吨,人均年消费量为 0.3 千克,销售范围仅限于各大城市和产区村镇,还有广大的消费人口见不到猕猴桃,说明猕猴桃的产量还未达到饱和。就猕猴桃的营养价值和保健价值而言,它在所有水果中处于领先位置,应该从量上发挥出其所具有的保健价值。同时随着总产量的增加,价格的降低,也会起到促进消费的作用。所以,在今后的 10 年内,有计划地在适栽区适当扩大栽培面积,并对现有的栽培面积加强管理,提高单产,使其在 2010 年人均年消费水平上升到 0.5 千克。

2006 年,在国内的一家有资质的公司评估,猕猴桃年生产总产值约在 5 亿元以上,已成为广大农民种植创收的一个重要产业。猕猴桃虽被列为小经济作物,但到目前为止,全国已有 13 个省、市把猕猴桃列为省级审定作物,可见其重要性。目前,全国猕猴桃生产面积在 1.0 万公顷以上的省份,有陕西、河南、四川、湖南、江西和湖北六个省,总面积约占全国的70%以上,总产量约占全国的 80%。以陕西省规模最大,面积在 2.3 万公顷以上,约占全国猕猴桃总面积的 43%,年产量在 20 万吨以上,约占全国总产量的 42%～60%。河南省居全国第二位,猕猴桃栽培面积在 1.3 万公顷以上,约占全国猕猴桃总面积的 10%,年产量在 10 万吨以上,约占全国总产量的 13%～15%及以上。

(四)形成了适宜发展区域和生产基地区划格局

在资源调查和数十年栽培试验的基础上,我国猕猴桃的适宜栽培区域得以确定,主要集中在我国秦岭、淮河以南,横断山脉以东的中部和南部温暖、潮湿的暖温带和亚热带地区。

我国猕猴桃种植遍布陕西、四川、河南、湖南、江西、湖北、广东和广西等27个省、直辖市、自治区。其中,以陕西秦巴山区、四川成都、湖南湘西、河南西峡、湖北蒲圻、江西奉新、浙江庆元、福建建宁与广东和平为主要产区。大的产区有:

1. 陕西秦巴山产区 约占陕西生产总面积的42%,是猕猴桃的最佳优生区,与中国其他猕猴桃主要产区相比,光照充足,雨量适中,土层深厚,土壤疏松,尤其是秦岭北麓的垆壤土质,有利于生产优质猕猴桃。1978年,陕西在开展资源调查、品种选育、栽培技术、加工、贮藏保鲜与医疗等方面的研究基础上,最早在全国开始了猕猴桃的人工栽培。1993年开始建设大规模生产基地。到2005年,全省的猕猴桃种植面积达17 333.3公顷(26万亩),产量为22万吨,分别占全国总面积和总产量的30%和63%,均居全国首位,成为中国猕猴桃种植面积最大的基地,产品已销往东南亚、俄罗斯等10多个国家和地区。

其中的周至县,是我国猕猴桃种植"五最"县,即种植面积最大、产量最高、品质最好、深加工能力最强、储藏能力最大,被农业部命名为"中国猕猴桃之乡"。现全县人工种植面积接近1万公顷,年产量超过15万吨,年产值达两亿多元,全县有15万人从事猕猴桃及其相关产业。主要品种有秦美、哑特、海沃德等,已形成了种植、贮藏、加工、销售一条龙的产业化生产格局。全县猕猴桃贮藏冷库已达1 133座,总库容达9.4万吨,司竹、楼观、哑柏、马召四大基地乡镇果树面积与冷库建设同步发展。全县猕猴桃深加工企业也达到33家,初步形成了产业化分布群体。全县共有猕猴桃贮藏冷库661座,贮藏能力 7 万余吨。加工企业 6 家,年加工能力 1.5 万吨,主要产品有果汁、果酒、干粉等系列产品 20 余种。

2. 四川广元苍溪县 苍溪县是我国第二大猕猴桃产区,苍溪县地处四川盆地北缘,秦巴山脉南麓,嘉陵江中上游,属亚热带湿润气候,海拔 350～1 377 米,呈现"高山寒未尽,谷底春意浓"的气候特征,森林覆盖率达 45.7%,独特的生长环境,使苍溪猕猴桃获"森林中的猕猴桃"的美誉。"苍溪猕猴桃"是指在苍溪县独特地理和气候环境出产的肉质细嫩、口感鲜美的优质猕猴桃,其中尤以红阳、血猕、东源红等红色系列品种为主。注册为"红阳果"的猕猴桃是世界独一无二的稀有品种。苍溪猕猴桃已通过国家级标准化示范区验收,猕猴桃果实及果肉饮料还通过了绿色食品认证。如今,红阳果品牌的猕猴桃大批量进入日本、瑞士和新加坡等国的市场,成为苍溪县的特色支柱产业,其生产基地面积达 6 666.67 公顷(10 万亩),2003 年总产量达 1.3 万吨。

3. 河南南阳西峡县 位于伏牛山南麓,属亚热带季风型大陆气候,常年气候温和,雨水充沛,西北高,东南低,呈扇形地势,境内 80% 以上土壤呈中性或微酸性,有机质含量丰富,自然肥力较高,质地疏松,森林覆盖率达 76.8%,灾害性天气少,是国内外专家公认的猕猴桃最佳适生区。有野生猕猴桃资源 1.333 3 万公顷(20 万亩),年产量 2.5 万吨,居全国县级之首,以分布集中、鲜果个大、味美、质优而驰名中外;已建成人工高标准基地 8.5 万/667 平方米,千亩(667 平方米)以上园区 10 个,500 亩以上园区 40 个;主栽品种有海沃德、华美 2 号、红阳、秦美等,其中海沃德基地 2 万亩。2006 年全县猕猴桃总产量达到 5 万吨以上。

西峡县依据得天独厚的自然优势,逐步形成了科研—生产—贮藏—加工—销售为一体的开发体系。依靠河南省西峡县猕猴桃研究所等科研机构,选育出优良品种20多个。其中华美1号、华美2号荣获'99昆明世界园艺博览会金奖,华光、华美系列10多个优良品种(株系),获国家、省、市级科研项目奖20多项。加强同新西兰、韩国、意大利等国家在猕猴桃方面的技术交流与合作,进一步提高猕猴桃产业的科研水平。以国家颁布的无公害猕猴桃生产技术规程为标准进行生产,规范管理,提高标准,逐步与国际市场接轨。西峡县先后被国家林业局命名为"中国名特优经济林——猕猴桃之乡",被国家农业部命名为"优质猕猴桃生产基地县"。

4. 江西奉新县 江西奉新县也是全国猕猴桃生产基地县之一。该县中共县委、县政府把发展猕猴桃当作一大产业,成立了猕猴桃项目领导小组,在政策、人力和财力上给予倾斜,重点抓好猕猴桃生产基地建设,巩固老果园,扩大新果园,实行"统一规划,统一开发,连片建园,分户承包,租赁管理"方式。为了提高猕猴桃产量,县里成立了猕猴桃科研所,从陕西等地引进了糖分高、耐贮藏的金魁良种。2006年,全县2 000公顷多(3万多亩)猕猴总产量突破4 000吨。出口韩国、日本、泰国、新加坡等地50多吨。

5. 湘西土家族苗族自治州 该自治州为我国猕猴桃三大主产区之一,猕猴桃的种植面积,由1998年的600公顷,2002年的3 333.33公顷,发展到2005年的5 333.33公顷。鲜果的产销量由0.3万吨增加到4万吨,猕猴桃果汁加工产量由0.15万吨增加到2万吨,深加工品种由1个扩大到11个。猕猴桃种植主要分布在下属7县1市的24个乡镇,137村。湘西土家族苗族自治州现有5万农户约20万农民依靠猕猴桃产业实现增收致富。

(五)逐步调整了品种结构

我国各个生产猕猴桃的省份,都有自己的选育品种以及适宜栽培的猕猴桃新品种。为了商业运作上的相对集中,应该对猕猴桃产业发展的品种作以选择和压缩。

经过分析研究,对猕猴桃的品种结构有了明确的认识,并作了或正在进行相应的结构调整。如绿色猕猴桃品种选择海沃特、金魁、亚特和秦美,已经有了 1 万公顷的面积,就不再扩大种植面积了;黄肉猕猴桃品种选择华优、金艳、中猕 6 号、西选 2 号、金香、金农、金阳、金桃和新园 16A 等,红肉品种选择红阳、红源、楚红、红美和红华等;小型猕猴桃品种选择魁绿、丰绿、天源红和宝石红等,毛花猕猴桃品种选择华特。这些绿色、黄色、红色、小型和毛花品种的适宜种植比例为 60∶20∶15∶3∶2;即按照 10 万公顷的发展规划来划分,则其分别种植的面积应该为 60 000 公顷,20 000 公顷,15 000 公顷,3 000 公顷,2 000 公顷,即分别为 90 万亩,30 万亩,22.5 万亩,4.5 万亩和 3 万亩。这样按照每 667 平方米 1 吨的世界平均单产量来计算,总产量为 150 万吨,我国有 13 亿人口,人均有猕猴桃 1.15 千克。

(六)建立健全了新品种保护和授权制度

与国际猕猴桃生产接轨,在猕猴桃新品种保护和授权制度方面,通过最近 5 年来的标准制定和试行,我国农业部完成了这方面规章制度的建立,发布了"植物新品种 DUS 标准猕猴桃"。目前已申请登记的猕猴桃新品种有 13 个。其中在猕猴桃新品种保护和转让限时经营权方面,最为成功的为武汉植物所的金果,现已在欧洲、北美洲、南美洲等洲中的部分国家转让获益。

现在看好转让权的黄色新品种为华优(图 1-2)。

华优

单果重80～120克，成熟果肉黄色或绿黄色，果肉质细汁多，香气浓郁，风味香甜，质佳爽口，2005年9月19日检测：可溶性固形物7.14%，总酸0.95%、总糖1.83%；维生素C150.6毫克/100克，硬度13.6kgf/cm²。可食可溶性固形物18%～19%。果实常温下，后熟期15～20天，货架期30天左右。

图1-2 华优猕猴桃的果实及生长结果状

　　红色品种中已实现出售品种权的为红阳。另外，还有金艳、金香、金农、金阳、中猕6号与西选2号等10多个新品种，具有出售新品种权的前景。

（七）不断壮大了猕猴桃产业队伍

　　随着猕猴桃生产发展的需要，一支由数以百计的国有、集体、个体等不同体制的猕猴桃种植业公司组成的队伍逐步形成。此外，还有数十家各级科研单位在承担育种科研任务的同时，也从事育种、种苗繁殖和经销。目前在生产上有影响：有实力的育种经营单位有30余个。其中在猕猴桃种植业领域影响较大的有中国科学院武汉植物所、中国农业科学院郑州果树研究所、西北农林科技大学果树研究所、湖南省农业科学院园艺研究所、江西省农业科学院园艺研究所、湖北省农业科学院果茶蚕桑研究所、四川省资源研究所、贵州省农业科学院果树研究所、广西壮族自治区科学院植物研究所、广东省农业科学院园艺研究所、云南省农业科学院园艺研究所、山东农业大学园艺系、安徽农业大学园艺系、中国科学院北京植物研究所、江苏徐州市果园、浙江省农业科学院园艺研究所、陕西省周至县猕猴桃研究所和河南省西峡县猕猴桃研究所。

围绕猕猴桃产业,建立起了一些果品经销或加工企业。目前国内比较大的猕猴桃种植生产及加工的企业,有以下九家企业:

1. 四川禹王生态农业发展有限公司 是以农业生产、农业生态旅游、农副产品生产与加工及进出口贸易为主的综合性农业产业化企业。该公司拥有 1 000 公顷猕猴桃生产基地,产品以出口为主,目前已大量出口到澳大利亚、法国、泰国、日本等国家和地区以及非洲的一些国家。其猕猴桃产品,有猕猴桃果脯和猕猴桃果酱。

2. 西安汇丰生态农林科技股份有限公司 是集农业高科技研发、农副产品深加工、生态旅游、农业观光、生产有机食品、国际贸易为一体的,从事猕猴桃种植、储藏、科研、深加工的现代化民营企业,拥有 1 333.33 公顷(2 万亩)种植基地、1 500 个气调库和果汁加工厂等产业。

3. 西安三秦猕猴桃果业有限公司 为全国最大的猕猴桃基地——西安市周至县的民营企业,集猕猴桃种植、贮藏、加工、贸易为一体。该公司主要产品,有秦美和海沃德、哑特猕猴桃;西安三秦果业优质猕猴桃基地 2006 年 10 月 10 号通过欧盟 EUREPGAP 认证。该公司下属 200 公顷(3 000 亩)优质猕猴桃种植示范基地,年产猕猴桃鲜果 3 000 吨。

4. 广东聪明人集团 猕猴桃种植基地面积近 2 000 公顷(3 万亩),位于粤北和平县境内九连山。它是全国第三批农业产业化生产示范基地。其种植基地严格按照绿色食品种植规程管理,灌溉引注山泉水,全程施用农家有机肥。主要品种产品有"和平1号"、"和平2号"和"武植1号"猕猴桃。

5. 湖南老爹农业科技开发股份有限公司 是中国猕猴桃产业化经营的龙头企业和世界知名的猕猴桃精深加工企业。从1998年4月开始,公司采取"公司+大学+协会+农户"的模式,在湘西土家族苗族自治州实施以猕猴桃精深加工为主要内容的全国光彩事业重点项目——湘西猕猴桃产业化项目。现已将猕猴桃开发成果果王素、果汁、果脯、果酒、果籽饼干、果糕等35个系列产品,实现了一果多吃,精深加工水平居国际领先水平。

6. 陕西太白山猕猴桃发展有限公司 是一家民营企业。公司经营范围为:猕猴桃及其他农副产品的种植、收购、加工、销售,并致力于引进果品新品种、新技术。公司占地面积13 986平方米,现有2 000吨机制恒温储存冷库,年生产2 000吨的速冻果片生产线一条,年生产果脯1 000吨,年加工、销售猕猴桃10 000吨,产值2 600万元,年实现利税115万元。

7. 陕西周至名优猕猴桃出口加工有限公司 该公司地处周至县猕猴桃基地的中心,有林果基地66.67公顷(1 000亩),负责引进,研究和推广新品种的工作。每年经销、出口猕猴桃1 000吨,加工果品600吨,提供各类苗木100万株以上。主营猕猴桃出口,猕猴桃果脯加工。有贮存千吨以上的气调冷库和加工厂,有多年出口猕猴桃的经验,向俄罗斯、西班牙、日本、加拿大、韩国和中东地区的国家出口鲜猕猴桃和加工品近万吨。

8. 中博绿色科技股份有限公司 是一家跨区域、管理现代化、运作规范化、以高科技农业开发为主导产业的股份制企业。该公司以猕猴桃优质种苗的培育和猕猴桃精深加工为主导产业,并承担了列入国家火炬计划项目的猕猴桃良种繁育及规模化种植、全程无废弃物深度开发项目的实施,开发了爱家人、碧佳人、爱津三个品牌的猕猴桃系列保健果酒和调味因子系列功能营养调味品。

9. 都江堰日昇农业科技有限公司 由香港日昇发展(农业)有限公司投资经营。专业从事猕猴桃的生产、加工、贮藏、出口销售。拥有自主知识产权的有 3 项国际水果商标、6 项包装外观设计专利,3 项果箱结构设计专利。拥有红阳猕猴桃的品种权的独家授权。

新近又出现了以下两个具有强势鲜果出口外销能力的公司:

1. 重庆恒河果业有限公司 澳门恒和集团投资的重庆市恒河果业有限公司,除了主要从事柑橘和其他果蔬产品的生产、加工和销售以及水果新品种的研究开发外,从 2004 年夏季开始着手对猕猴桃国内外行情和生产状况进行了专门调查,经 2 年多次组织国内外专家对重庆的几个区县进行考察分析和对比,最后确定江津市的四面山为启动发展地区。2006 年年底,在江津地区专门成立了与意大利猕猴桃企业元老公司合资的重庆市金土元老猕猴桃有限公司,首期注册资金 500 万元,专门负责项目的开发和营运。公司采取抓两头带中间的发展模式,即由公司抓品种引进、品比区域试验、扩繁培苗、配套栽培技术引进、生产示范和技术指导培训,以及抓商品化处理及销售的首尾环节。由广大种植业主和农户按照政府和公司共同编订的规划布局,采用公司提供的国内首创的脱毒容器扦插苗木和生产技术,大面积连片发展种植。该公司以法律合同形式,提供 25 年的果品包收购服务。其经商品化处理和冷链处理后进入公司的国内外销售网络。

意大利专家在江津进行快速扦插容器育苗技术的实施工作,率先在 2006 年商业化规模育苗 35 万株。与中国农业科学院郑州果树所合作进行太空育种计划,1 万株太空猕猴桃苗将于今年定植进行为期 6～8 年的选育种工作;已在江津山区建成 26.67 公顷(400 亩)和正在建设 40 公顷高标准示范基地,已带动山区农民发展 66.67 公顷(1 000 亩),计划 5 年内完成 666.67 公顷(1 万亩)基地建设,最终完成 2 000 公顷(3 万亩)基地建设和采用意大利技术和管理的商品化处理厂。

2. 四川中新农业科技有限公司　是一家注册资金 1 000 万美金的中外合资猕猴桃股份制企业,外方合作伙伴为全球最大的猕猴桃销售商 ZESPRI 公司。公司拟投资 1.2 亿美金在四川建成亚洲最大的猕猴桃种植加工出口基地,公司业务贯穿种植、加工、销售整个产业链,优质的猕猴桃将通过 ZESPRI 公司销往全球各地。在产业基地建设完成后,将依托成都市蒲江、德阳等丰富的生态旅游资源,打造中国最大的水果旅游公园,最终实现以农业多元化产业为核心的可持续发展产业链。

公司的目标是将四川建成亚洲最大的猕猴桃种植加工出口基地,成都市建成亚洲最大的猕猴桃技术培训和研究中心。公司的企业精神是通过农业高科技示范,带动农户共同打造强大的猕猴桃产业。

三、我国猕猴桃资源利用和产业化的发展方向与对策

(一)问题与对策

尽管在短短的不足 30 年内,通过我国猕猴桃业界人士的

共同努力,取得了上述从资源到育种,从育种到产业,如此可喜的成绩。但是,我国的高端果品市场几乎全部让新西兰等国的进口果品所占领的现实,不容我们有半点松懈。加入世贸组织以后,我国就进入了经济全球化的地球村,所以,无论国内市场还是国际市场,自己不去争取,邻居就会占领,谁占领就是谁的市场。对此,中国园艺学会猕猴桃分会主席黄宏文先生在第六届国际猕猴桃会议上的发言,高度概括了我国猕猴桃产业的现状和对策。他指出,我国猕猴桃产业存在的问题是:

我国作为猕猴桃"资源和栽培的双重大国,针对资源的深层次研究的投资力度不够,产业发展应用基础研究严重滞后,研究部署不合理、针对性不强;资源流失严重,自我发掘、研发力度不够;产业规划滞后,产业目标导向有待提高;产—学—研链没有形成,产业面向世界的合力弱;以企业为主体的技术研发体系尚未形成,制约了产业可持续发展;猕猴桃消费导向研究及消费培育基本空缺;精品意识不够,无市场战略,商业市场无序。"

针对上述问题,他进一步指出,我们的对策应该是:

"在国家项目支持的同时,加强以企业为主的技术研发体系建设,鼓励科研院所、大专院校积极参与企业发展导向的研发活动;突出资源优势,加强资源研究,发掘和进行特异品种研发;加强针对产业发展应用基础研究,鼓励各研发单位协调完善研究部署,支撑产业可持续发展;加强以企业为主体的产业规划,明确产业目标;调整品种结构,推行标准化生产技术,提高果品质量,树立品牌战略,加强中国特定气候条件的果园技术、采后包装、储运技术及加工技术研究,形成中国产业技术规范体系;加强猕猴桃消费导向研究及消费培育研究;加强精品战略规划,形成特色市场;全国产业协会—研发支撑—市场规划培育;以国家及区域重大计划为牵引,如新农村建设,建立研究单位间交流渠道,组织联合攻关项目;加强猕猴桃科研人才队伍培养;全面推进中国猕猴桃产业高水平、高起点的进入国际市场。"

(二)猕猴桃资源利用与产业发展的方向

对于我国猕猴桃科研与生产的发展努力方向,中国园艺学会猕猴桃分会主席黄宏文先生指出:"从世界猕猴桃资源研究利用和产业进展的情况来看,我国猕猴桃资源研究、利用和产业发展应该注重以下六个方面:

第一,我国有得天独厚的资源优势,如何从物种实物基础和遗传信息两个层面保护好这份宝贵资产,是一个全民应该重视的问题。同时如何将资源优势得以充分发挥,是我们应该从上到下,从资源到利用,从研究到开发,从科研到产业都要重视起来的问题。

各有关单位、各个研究领域和产业方面结合起来,形成一体化,全国统一规划,统筹安排,不要互不分工,重复投资,主攻方向不明确,产业化和标准化进度不够到位。

第二,注意选种向育种的转化。已经选育出综合性状优良的、具有不同特色的新品种。除了绿色果肉品种经久不衰以外,黄肉、红肉猕猴桃产业前景也很好,猕猴桃黄肉、红肉猕猴桃果品产业是一个巨大的商机!中国有资源优势,有许多有特色的黄肉、红肉猕猴桃新品种,如何发挥这种优势?这是我们应该做好的一件大事。

第三,以国际先进水平为起点,不低层次重复。借鉴国际经验,取长补短。以公司加农户或协会的形式组织起来,建立规范化、标准化、有序化的果品基地建设和技术管理体制,是产业形成的必由之路。

第四，要做大、做好、做强一个产业，产业规划、种植、采后处理、冷气调贮藏、冷气调运输链、销售网络建设等产业链的形成必不可少。这方面除了种植环节以外，还需要其他行业的支持，还需要企业、银行、财团、国家和地方项目投资的倾斜。否则，单靠农民很难在较短的时间内让产业崛起。

第五，以质量求生存，以数量求效益。积极推进标准化生产、产后处理、贮藏运输和销售。只有能够提供大量高质量、标准化的果品，才是真正的产业，才能参与国际竞争。

第六，产业与科研相结合、管理和技术相结合。科研教学单位除了广泛深入地进行资源研究、利用和新品种选育的同时，要积极融入到产业链中的相关企业或协会中去，给予产业人以全力支持，以产业环节中的技术需要为研究方向，及时正确地给予产业以技术支撑。例如，不同产区的猕猴桃全营养分析和补差配方施肥这一基础工作，目前仍是个缺口；不同环境条件下的标准化整体栽培模式、有机猕猴桃栽培模式、绿色栽培模式等，都需要尽快地提出；有关猕猴桃病虫害的物理和生物防治方面的研究、病毒病及其脱病毒研究、生理病害防治与猕猴桃病虫害检疫制度等，都需要尽快完成。"

猕猴桃业界的全体科研人员、技术人员、种植人员以及其他相关从业人员，应清醒地看到我国猕猴桃生产的问题，明确统一的对策，在猕猴桃发展的关键方面，只要共同努力，就一定能使我国的这一产业尽快跻身世界前列，在占领国内普通市场的同时，挺进国内高档市场和国际市场。

第二章　标准化栽培的
优良品种选择

品种和砧木的选择是,新建园效益的前提和保证,是产业发展的第一步。选择好市场对路的优良品种及与之相适应的砧木,在猕猴桃产业的高效经营中打好了坚实的基础。

第一节　品种选择的要求

随着果品生产水平的日益提高和消费水平的不断攀升,市场对果品的质量要求也越来越高。果品要在其中占据地位,质量是最关键的因素。标准化猕猴桃园对品种的要求如下:

一、果实品质好,外观好,适应市场需要

不同国家和地区的消费者,对于猕猴桃果品品质的要求不同。亚洲消费群体对猕猴桃果品的要求偏甜,欧洲、美洲消费群体要求偏酸。但总体的果品质量指标大致为:果实外观周正,柱形、椭球形或近椭球形,果形整齐划一,大小一致,商品规格明确,符合度高;果皮较厚,耐贮运、碰撞和摩擦;可溶性固形物含量在 14% 以上,鲜食果品酸度在欧洲、美洲为 1.0%~1.6%,亚洲为≤1.2%;维生素 C 含量≥50 毫克/100 克鲜果肉,越高越好;果肉质地均匀、细密,能切片;果肉颜色为绿色或黄色、红色、金黄色等,色泽均适宜消费者的要求,以红色、黄色果肉品种的售价为高;同时要求果品后熟缓慢,耐贮存,货架期长,可食用期长。

二、结果性能好，投产早，丰产稳产

从栽培生产的角度出发，猕猴桃产业也要求经济效益的最大化。这就要求标准化栽培所选择的品种具有很好的结果性能，进入结果期和盛果期早，丰产稳产，大小年不明显。虽然结果性能的好坏，关系到产业的效益。一般早结果性、丰产性、稳产性和结果年限长诸方面均好为最理想。但是，如果某个品种的果实品质性状特别突出，则可以通过人工栽培技术措施，弥补其早果性、丰产性、稳产性和结果年限较短等性状的欠缺，实现生产性能的最优化。

三、树体生长健壮，抗逆性强

目前，猕猴桃果品市场对果品的安全性要求越来越高，标准化果品生产应尽量减少树体对化肥、农药、除草剂和生长调节剂的依赖。这就要求标准化栽培所选择的品种本身营养生长良好，树体健壮，抗逆性强。猕猴桃现有栽培品种，基本上是由野生选育而来，人工驯化栽培的历史不长。所以，在适应性和抗逆性方面具有优势，有利于进行标准化安全生产。

在提高树势，增强抗逆性方面，选择好的砧木也可以起到很大的作用。但是，砧木选育是目前我国猕猴桃树种的一个空白，除了加强砧木选育种研究工作以外，可将生产中具有较强生长势和良好抗性的品种，进行营养繁殖后，作为砧木使用，从而尽快地弥补这方面的不足。

第二节　适宜标准化栽培的优良品种

现在生产上选择的猕猴桃栽培品种，主要为美味猕猴桃和中华猕猴桃两个种类。从 1978 年开展猕猴桃资源大调查开始,我国陆续选育出了 50 多个适宜在不同地区发展的品种,并从国外引进海沃德、新园 16A、意大利夏桃等优良品种。但是,从市场和销售经营的角度出发,应该在产业基地栽植品种选择上有所集中、有所选择,以利于更好地管理,实现标准化、规范化。现将初步选择的适宜于我国标准化栽培的品种,按种类分别介绍如下:

一、美味猕猴桃优良品种

(一)美味猕猴桃优良雌性品种

1. 海沃德 新西兰品种。为国际上各猕猴桃种植国家的主栽品种。果实成熟期为 11 月中下旬。果实长椭球形,果形端正美观,平均单果重 80 克。果肉翠绿色,致密均匀,果心小。每 100 克鲜果肉含维生素 C 50～76 毫克。可溶性固形物含量为 12%～17%。酸甜适度,有香气。果品的货架期、贮藏性名列所有猕猴桃品种之首。其缺点为早果性、丰产性较差,但可以用环剥等栽培技术措施纠正。树势偏弱,需要多施肥,增强树势。

该品种以长果枝蔓结果为主。结果枝蔓多着生在结果母枝蔓的 5～14 节,大多在 7～9 节。幼树期除了加强肥水管理,促进树体生长以外,还需采用促花促果措施,促其早结果。

2. 金魁 湖北省果茶蚕桑研究所培育的猕猴桃品种,为目前我国选育的最耐贮藏的猕猴桃品种。其耐贮性可与海沃德媲美。其缺点是果面有棱。据报道,用兴山-10 号授粉充分时,畸形果率很低。在宣恩 78-5 或兴山 16 的授粉下,不仅果形较好,耐贮藏,一般常温下可贮放 20～30 天。该品种在长江流域栽培表现较好,在干旱半干旱地区缺水情况下树势较弱;其早果性和丰产性优于海沃德,但不及秦美和米良1号。进入盛果期以后,产量较好。但是在不疏果的情况下,容易产生小果和畸形果。其果实在10月下旬至11月上旬成熟。果实柱形。平均单果重87克。果肉翠绿色,酸甜适口,有香味。完全成熟时,可溶性固形物含量可达24.5%,平均为17%,维生素C含量为156～242.18毫克/100克鲜果肉。

该品种以长果枝蔓结果为主。结果枝蔓多着生在结果母枝蔓的5～14节,以7～9节多见。早期修剪宜轻剪长放,或采用促花促果措施,促进早结果。修剪时,长度在0.75米以下的枝蔓,剪留9～10个节位;0.75～1米的枝蔓,剪留10～12个节位;1米以上的枝蔓,剪留12～14节。在4米×3米的栽培密度下,成龄树留40个左右的结果母枝蔓为宜。

3. 秦美 由陕西省果树研究所选出。为晚熟较耐贮藏的鲜食猕猴桃品种。在我国推广栽培面积最大,达1万公顷。但是,目前正被大量地高接改换海沃德和哑特等其他品种。其早结果性、丰产性、树势强健性、耐旱性、耐寒性和耐土壤高pH值等综合性状,被评定为最优良品种。只是由于其大量的成功种植而又缺乏销售环节的衔接,因而造成地摊贱卖的局面。它和哑特一起,为当前我国北方半干旱栽培区最受欢迎的两个品种。南方许多省市将它引种试栽也很成功。该品种平均667平方米产果1 500～2 000千克,最高达3 900千克。果实近椭球形。果肉绿色,多汁,酸甜可口,有香味。平均单果重102.5克。维生素C含量为190～355毫克/100克鲜果肉,可溶性固形物含量为14%～16%。在陕西,其果实于10月下旬至11月上旬成熟。在简易气调贮藏条件下,果实可存放3～4个月。在低温低乙烯气调库中,可存放6～7个月。其缺点为果形不如海沃德,即长轴较短,果肩较平,货架期稍短,为7~15天。

该品种以中长果枝蔓结果为主。结果枝蔓着生在结果母枝蔓的5~12节位。栽培上注意早期轻剪长放,促进树体早成形,早结果,提高早期产量。中期作中庸修剪。后期宜适当重剪,以培养更新枝蔓。

4. 米良1号 由湖南吉首大学生物系选出。为晚熟较耐贮藏的鲜食猕猴桃品种。早果性很好,栽后第二年667平方米可产果150~250千克。丰产,稳产,抗逆性、抗病性均强,不仅适合于我国南方湿润气候栽培,而且在北方pH值较高的土壤上也生长良好。在南方地区,其果实于9月下旬至10月上旬成熟。采后在常温下可存放10~15天。果实近长柱形,顶端直径稍大于蒂端,略扁,柱头基部残迹(俗称"喙")宽而明显。平均单果重95克。果实大小一致性好,很少有小果。果肉黄绿色,汁多,酸甜可口,有芳香。维生素C含量为217毫克/100克鲜果肉,可溶性固形物含量为13%~16.5%。因为容易结果,所以常常过量负载。本身具有果个大而均匀的特性,因而可溶性固形物含量较低。其补救措施为增施有机肥,提高树体糖分的积累量,提高果实品质。还要注意防止采前落果的现象。

该品种果枝蔓多着生在结果母枝蔓的5~7节,早期修剪宜轻剪长放。

5. 哑特 陕西周至县猕猴桃试验站选出的晚熟鲜食品种。其植株生长健壮,抗逆性强,耐旱,耐高温,耐瘠薄,耐北方干燥气候。果实短圆柱形,于11月上旬至中旬成熟。平均单果重87克,最大果重127克。果个较均匀,一致性好,少有小果。果皮褐色,密被棕褐色糙毛。果肉翠绿,果心小,质软,黄色,十分香甜。可溶性固形物含量为15%~18%,维生素 C 含量为 150～290 克/100 克鲜果肉。风味好,汁液多,很受消费者的欢迎。果实较耐贮藏。由于采果较晚,常温下可放置 1～2 个月,土法贮藏可存放 3～4 个月,用气调库可贮存 6 个月以上。其货架期为 20 天左右。它的缺点是,果形短柱形,早果性不及秦美和米良 1 号。后面一个缺点可以通过促花促果措施来予以解决,但是,果形之虞要得到消费者的认可,还需要更多的宣传和耐心。凡是吃过一次哑特的人,一定会再次购买该品种的果实。因此,它是一个非常适合于北方地区发展的优良品种。

该品种以中、长果枝蔓结果为主。结果枝蔓多着生在结果母枝蔓的 5～11 节。虽然早果性较差,但进入结果期后很丰产,没有明显的大小年;嫁接苗栽后第五年平均株产果 22 千克。在北方半干旱地区推广很有前途。其早果性差的缺点,可用环剥、环割、倒贴皮、水平绑蔓和打顶等促果措施克服之。

6. 徐 香　由江苏省徐州市果园选出。果实短柱形,单果重 75～110 克,最大果重 137 克。果肉绿色,浓香多汁,酸甜适口,维生素 C 含量为 99.4～123.0 毫克/100 克鲜果肉,含可溶性固形物 13.3%～19.8%。早果性、丰产性均好,但贮藏性和货架期较短。然而,徐香有一个特性可以部分的弥补货架寿命短和贮藏性弱的缺点,即是其成熟采收期长,从 9 月底到 10 月中旬均可采收,可使挂在架面上的果实随卖随采,无采前落果。

该品种早期以中、长果枝蔓结果为主,盛果期以后以短果枝和短缩果枝蔓(丛状结果枝蔓)结果为主。早期修剪时应注意轻剪长放,中、后期重剪促旺。其抗性不很强,但由于风味好,因而在江苏、山东一带推广受欢迎。

7. 西猕 9 号 一个风味非常好的绿色果肉猕猴桃新品种。目前正准备宣传和推广。其植物学性状和生物学性状均属优良。

(二) 美味猕猴桃优良雄性品种及品系

1. 马图阿 (Matua) 又译名为马吐阿。花期较早,为早、中花期美味和中华猕猴桃雌性品种的授粉品种。花期长达 15～20 天,花粉量大,每个花序多为 3 朵花。可用作徐香的授粉品种。

2. 图马里 (Tomury) 花期较晚,为中、晚花期美味和中华猕猴桃雌性品种的授粉品种。花期长达 15～20 天,花粉量大,每个花序多为 3 朵花。可用作海沃德、秦美、哑特等晚花型品种的授粉品种。

3. 帮增 1 号 为米良 1 号的授粉品种。它的花期较长,有 15 天左右。花粉量大。

二、中华猕猴桃优良品种

(一) 中华猕猴桃优良雌性品种

1. 红 阳 由四川省资源研究所和苍溪县联合选出。为红心猕猴桃新品种。该品种早果性、丰产性好。果实卵形,萼端深陷。果个较小,在不使用果实膨大剂的情况下,单果重在 70 克以下,大小果现象严重。果皮绿色,光滑。果肉呈红色和黄绿色相间,髓心红色,肉质细,多汁,有香气,偏甜,适合亚洲人口味。含可溶性固形物 $14.1\% \sim 19.6\%$,总糖 13.45%,总酸 0.49%,维生素 C 含量平均为 135.77 毫克/100 克鲜果肉。红阳是一个较好的特色鲜食品种。但其果实不耐贮存,常温下货架期为 5～7 天。适宜在我国四川盆地至湘西地区发展。

红阳的树势较弱,要求光照充足、土壤肥沃和排水良好的土地。其萌芽率在80%以上,幼树的成枝率在30%以下,结果树的成枝率更低。短果枝蔓较多,枝蔓节间短,平均长度在5厘米以下,树体紧凑。过量负载后,次年早春叶片生长多不正常,叶面不平,呈现泡泡叶状。花期在4月下旬,花量大,坐果容易。果实成熟期在9月末至10月初,但生产区常在9月上、中旬采收。该品种在我国已经完成了新品种保护性登记。

2. 庐山香 为江西庐山植物园选出的晚熟鲜食加工两用猕猴桃品种。成熟期为10月中旬。果实近圆柱形,整齐美观。果个较大,平均单果重87.5克,最大果重140克;果肉黄色,质细多汁,口味酸甜,香味浓郁,口感极佳。维生素C含量为159~170毫克/100克鲜果肉。但果实不耐贮存,货架期只有3~5天。适宜于加工果汁。

树势中等,结果早,丰产,品质优良。栽后第二年始果,最高株产量为6.2千克,第三年为7.7千克,第五年为13千克。

3. 新园16A(Hort-16A) 商品名为Zespri Gold。由新西兰园艺及食品研究所培育成。果实圆顶倒锥形或倒梯柱形。使用果实膨大剂后,单果重80~105克;不用膨大剂则单果重70克左右。果皮褐色。果肉金黄色,质细汁多,味香甜。维生素C含量为120~150毫克/100克鲜果肉。为较好的鲜食加工两用品种。新西兰专家预测其将占领本世纪国际猕猴桃果品市场。但是,意大利和智利专家认为,中国的金桃等黄肉型品种,要超过新园16A。该品种正在我国登记授权性栽培应用。

4. 早 鲜 由江西省农业科学院园艺研究所选出。为鲜食、加工两用早熟品种。也是为目前我国早熟品种中栽培面积最大的一个品种。果实于8月下旬至9月上旬成熟。果实柱形,整齐美观。平均单果重 80 克左右,最大果重 132 克。果肉绿黄色,酸甜多汁,味浓,有清香,维生素 C 含量为 74～98 毫克/100 克鲜果肉。果实较不耐贮存,常温下可存放 10～12 天;在冷藏条件下可存放 3 个月,货架期 10 天左右。本品种生长势较强,早期以轻剪长放为主。其抗风、抗旱和抗涝性较差。适宜以调节市场和占领早期市场为目的,选择邻近城市郊区进行小面积栽培,就近供应市场消费。

5.金 丰 为江西省农业科学院园艺研究所选出的一个鲜食、加工两用中熟品种,集早果、丰产、稳产、大果和优质于一体。可在我国中南部猕猴桃栽培区推广。其果实椭球形,整齐均匀。平均单果重 82～107 克,最大果重 124 克。果皮黄褐色。果肉黄色,质细多汁,出汁率为 70%,味酸甜,有香气,维生素 C 含量为 103.4 毫克/100 克鲜果肉。果实于 8 月底至 9 月初成熟。在中华猕猴桃品种中属于较耐贮存的品种,货架期为 10～15 天。可作为鲜食加工两用品种基地的主栽品种,在我国中南部地区发展。

该品种生长势强,以中、长果枝蔓结果为主,果枝蔓连续结果能力强,无生理落果和采前落果。抗风,耐高温干旱。适宜于山地棕壤和丘陵红壤栽培。

6.金 阳 由湖北省果树茶叶研究所选出。该品种早果性、丰产性和稳产性均好,但抗逆性、耐瘠薄能力较弱。生长势中等,适宜于土壤疏松、土层肥厚的高海拔地区栽培。其果实 9 月中旬成熟。果实柱形。果个中等,平均单果重 79 克,最大果重 113 克。果皮褐色,果肉黄色,酸甜适口,香味浓郁。可溶性固形物含量为 15.5%,维生素 C 含量为 93 毫克/100 克鲜果肉。是一个较好的鲜食与加工两用品种。

该品种以中、短果枝蔓结果为主,果枝蔓连续结果能力较强。干旱时偶尔有生理落果和采前落果。适宜于华中地区栽培。

7. 武植-5 由中国科学院武汉植物研究所选出。为一个早果、丰产、稳产、大果、优质、适应性强与耐旱性较强的鲜食加工两用晚熟品种。果实椭球形，平均单果重 80～90 克，最大果重 150 克。果肉浅绿色，质细多汁，酸甜适口，有浓香。维生素 C 含量为 155～230 毫克/100 克鲜果肉。该品种萌芽率较高，为 58%，结果枝率高达 69%～95%，坐果率在 95% 以上。

芽苗定植后次年结果，第三年株产果 12.6 千克，第五年每公顷产量为 7 500 千克。果枝蔓连续结果性能强。在郑州地区，该品种于 2 月下旬进入伤流期，4 月下旬开花，10 月下旬至 11 月上旬果实成熟，12 月上旬落叶。抗旱性较强，耐渍性弱，可以在我国中部浅山区推广，平原地区栽培应注意排水。北部猕猴桃栽培区试栽易产生缺素症。

8. 素香 由江西省农业科学院园艺研究所选出。为早果、丰产、稳产、优质、抗逆性较强与较耐贮藏的鲜食加工两用中熟品种。果实于 9 月上中旬成熟，长椭球形，果个大，商品果率高，整齐美观。平均单果重 98.2 克，最大果重 180.0 克。果肉深绿黄色，含可溶性固形物 14%～17%，含维生素 C 198.4～206.5 毫克/100 克鲜果肉，含有 18 种游离氨基酸，味酸甜可口，风味浓，具香气。果实较耐贮存，正常采收后在室温下可存放 20 天。

该品种以中、短果枝蔓结果为主，果实多着生在结果枝蔓的 1～5 节上。结果多，树势易衰弱，盛果期后注意增加肥水。定植后第二年结果，第三年每 667 平方米产量为 350 千克，第五年每 667 平方米产果 1 500～1 800 千克。

9. 华光 2 号　由河南省西峡猕猴桃研究所选出。为早果、丰产、稳产和抗逆性较强的品种。其果实圆柱形,单果重80～105 克。果皮浅褐色。果肉淡黄色,汁多,味酸甜,微香。维生素 C 含量为 41～78 毫克/100 克鲜果肉,可溶性固形物含量为 10%～14%。鲜食风味偏淡。加工果汁较为理想,容易防止褐变现象。该品种在我国已进行了新品种保护性登记。

(二)中华猕猴桃优良雄性品种

1. 磨山 4 号　每个花序常有花 5 朵,最多达 8 朵,以短花枝蔓为主。5 年生树每株约有 5 000 朵花,花粉量大,每朵花约有 300 万粒花粉,花期 20 天左右。作武植-3 的授粉树,有较强的花粉直感效应,可增大果个,提高果实维生素 C 含量,使果色美观,种子数减少,而千粒重增加。该品系花期长,可作为早、中期,乃至晚期中华猕猴桃和美味猕猴桃的授粉品系。目前认为,它是国内选出的最好的雄性品系之一。已进行了新品种保护性登记。

2. 郑雄 1 号　每个花序多为 3 朵花,最多达 6 朵,以中、长花枝蔓为主。花粉量大,花期为 10～14 天。在郑州地区,于 4 月下旬至 5 月上旬开花。树势较强,耐高 pH 值土壤。作为早、中期开花的中华猕猴桃雌性品种的授粉树,花期正好。

3. 岳-3　植株生长势中庸,萌芽率为 44%～67%,花枝蔓率为 90.7%～100%,平均每个母枝蔓有着花枝蔓 6.8～9 个,每个花枝蔓有 17～22 朵花,花粉量大,每朵花约有 170 万粒花粉。在湖南省岳阳地区,其花期为 4 月下旬到 5 月上旬。可作为庐山香等中、晚期成熟的中华猕猴桃和美味猕猴桃的授粉品系。

4. 厦亚 18 号　该品种花粉量大,在厦门其花期为 3 月中旬到 4 月上旬,20 天左右,花量大。可作为早、中、晚期中华猕猴桃和美味猕猴桃的授粉品种。

三、软枣、毛花猕猴桃优良品种

1. 魁　绿　由中国农业科学院特产研究所选出的软枣猕猴桃品种。果实卵圆形,平均单果重 18.1 克,最大果重 32.0 克。果皮绿色,光滑无毛。果肉绿色,质细汁多,味酸甜。可溶性固形物含量为 15%,维生素 C 含量为 430 毫克/100 克鲜果肉,总氨基酸含量为 933.8 毫克/100 克鲜果肉。可加工果酱,果酱的维生素 C 含量高达 192.3 毫克/100 克果酱,总氨基酸含量为 209.4 毫克/100 克果酱。

在软枣猕猴桃中,该品种生长势较强,萌芽率为 57.6%。结果枝蔓率为 49.2%,坐果率为 95.0%。以中、短果枝蔓结果为主。丰产,稳产。在吉林,该品种的伤流期为 4 月上中旬。于 6 月中旬开花,8 月中下旬果实成熟。在绝对低温为 $-38\ ℃$ 的地区栽培,多年无冻害,故为适合寒带地区栽培的鲜食加工两用品种。已申请了新品种保护。

2. 天源红　由中国农业科学院郑州果树研究所和洛阳君山红果业有限公司共同选出。该品种树势较强,适应性中等。果实柱形或近椭球形。平均单果重 17 克,最大果重 27 克。果皮棕红色,无毛光滑。充分成熟后果肉玫瑰红色,汁液中等,味酸甜,有微香。可溶性固形物含量为 15.6%~17.0%,维生素 C 含量为 183 毫克/100 克鲜果肉。该品系的果实于 8 月中旬成熟,鲜食加工皆宜。已申请了新品种保护。

四、猕猴桃优良砧木

猕猴桃的栽培历史较短,有关砧木品种选择和培育研究仅见于新西兰报道的开卖(Kaimai)。但是,这个砧木品种,在引进我国试栽后,发现其品种特性并不是像它在新西兰表现的那样,生长势变弱,适应性较差,还赶不上美味猕猴桃实生播种的基砧的生长势强。因此,加强砧木方面的研究和新品种培育,是今后猕猴桃产业中应该致力的一件重要事情。目前在生产中,可将生长势强、性状优良、抗性强的品种,进行营养繁殖,将所培育的营养苗,或用美味猕猴桃实生播种苗,作为培育猕猴桃嫁接苗的砧木。

第三章　标准化良种苗木繁育

当品种确定了以后,培育健壮苗木是建园中的基础工作。苗壮才能树健。因此,培育健康壮苗至关重要。

第一节　标准化苗圃建设

标准化的猕猴桃苗圃,包括苗圃地、气象因子可控温室、防虫网室、嫁接室、实验室、消毒灭菌室、接种室、组织培养室、辅助工具房、仓库、工人休息室和办公室,以及水、电、道路与防风林网等。

苗圃地用于播种实生苗、摆放扦插苗营养钵等。一般要求所选圃所在地,气候温和,阳光充足,空气、水源、土壤、人文等环境无污染,土地平整,具有良好的灌水和排水条件,不干旱,不涝渍,劳动力资源丰富,交通方便等等。

气象因子可控温室一般用于种子播种、绿枝扦插和组培苗移栽。要求最低限度能够保证植物材料不受暴风雨、高温、低温、低湿度的影响,为苗木的正常生长提供最佳条件。

防虫网室用于脱病毒材料的保存。一般要求具有足够的空间保证植物材料的正常生长。网纱的密度要求40目以上,以防止昆虫入侵,造成病毒病的传播。

嫁接室主要用于机械嫁接的设备安放和操作。一般人工嫁接可以在苗圃,也可以选择一个适当的场所即可。嫁接室的温度和湿度要求也是可以控制的,以便维持良好的常温高湿环境,防止接穗和砧木失水,及低温或高温对材料的损伤。

实验室用于药剂配制和小型试验的实施等，常备物品有组织培养、消毒、无菌水、常规溶剂、酸碱和 pH 值测试等各类药剂和器皿，以及各种精度的度量衡仪器设备。

消毒灭菌室、接种室、组织培养室主要用于组织培养育苗方式和脱病毒工作。

辅助工具房、仓库、工人休息室、办公室，以及水、电、道路、防风林网等基础设施，可根据苗圃的大小和投资规模可简可繁，可参照果园情况进行设计。

第二节　标准化良种苗木的繁育技术

猕猴桃育苗技术包括实生苗培育、嫁接苗培育、扦插苗培育、压条（高空和覆盖压条）、分蘖苗培育和组织培养育苗技术等六种繁殖技术。其中扦插育苗技术又分为休眠枝扦插、绿枝扦插、嫩枝扦插和插根育苗技术；压条又分为地下压条和空中压条技术。

一、实生苗培育

实生苗培育技术，一般用于杂交育种的杂交苗培育和用作基砧的砧木苗培育。其方法如下：

（一）采集种子

籽壮苗肥。育种的杂交苗，因为亲本的成熟期不同，杂交种子的成熟度也有差异，因而没有较大的选择余地。但是，对于用作培育基砧的种子，无论是种或品种，抑或特定种或品种的果实，都要有所选择。经验认为，美味猕猴桃种的生长势普遍强于中华种，而且嫁接中华种的嫁接亲和力大多没有问题。所以，培育基砧苗时，首先在美味种类里寻找生长势强、树体健壮、无传染性病虫害、结果性能好、果实品质好、抗逆性和抗病性强的优良品种或单株,待果实完全成熟后采收;除去小果、病虫果和残次果,在室温下散置软化;不能堆放,以免发热,影响种子的萌芽力;去除果皮后放在细纱罗里揉搓去果肉,用自来水冲洗干净,装入布袋后揉搓去种子上黏质,阴干,置于0 ℃～5 ℃低温下或干燥箱内,保存至播种前60天左右沙藏。也可以不阴干而进行低温保存。但一定要注意,切莫让湿种子发霉变质,霉变的种子会影响或失去活力。如果是湿法保存,可以直接沙藏保存,但应注意温度不能太高。猕猴桃种子隔年萌发力很弱,不可使用。

(二)沙 藏

沙藏也叫层积。其方法为:

第一,将种子用清水浸泡一夜后,用1%的高锰酸钾消毒30～40分钟,然后控干。

第二,取大粒河沙,去石子杂质,冲洗干净,同法消毒或不消毒,晾至半湿(手握成团,松开即散)程度。

第三,取一瓦质容器、编织袋或布袋,在底层铺5～10厘米的半湿沙,在沙上铺10～20厘米厚的沙拌种子,沙∶种子＝10～20∶1。然后在种子上面再覆盖3～5厘米厚的半湿沙。最后,在表面撒上防鼠、虫的药饵即可。沙藏中,注意每半个月左右翻动一次种子层。若太干,则需洒水恢复其合适湿度;太湿,需晾一晾,或掺进少许干沙继续沙藏。沙藏温度为5 ℃左右。一般沙藏60天左右,猕猴桃种子即可打破休眠,回温至15 ℃～18 ℃,即可萌芽。

(三)播 种

1. 准备苗床 准备苗床要在播种前1个半月完成,否则,处理苗床的药剂残留会影响种子的活力。苗床以宽1米、长 20 米为宜；床土 pH 值以 5.5～6.5 为最好，最高不要超过 7.0。否则，幼苗的黄化现象非常严重。土质以砂壤土为好。作苗圃以前的 6 茬种植作物应为单子叶农作物。刚刨除林木果树的土壤不能用，用则根际病害和苗木缺素症严重。选好土地后，按 5～7 立方米土拌以 1 立方米腐熟的有机肥、1～2 立方米草炭和 1～2 立方米蛭石，混匀，过筛，再铺成约 40 厘米厚的平畦。在南方地区做成高畦，用 2 000～3 000 倍液的对硫磷喷洒后，盖上塑料薄膜闷闭 3～4 周，熏杀地下害虫。然后去除塑料膜，晾晒土壤 1～2 周，中间翻耕一次，以充分逸出土壤中的农药气体，避免它对幼苗的毒害。

2. 播 种 日均温度达到 11 ℃～12 ℃时，就可以开始播种了。播种前先浇透水，待土壤晾至湿度适宜时播种。播种时，采用撒播和条播方式均可。播种量视发芽率而定，以每畦 0.1～0.2 千克种子为宜。撒播时要掺适量细沙土，以利于播匀。播后覆以 0.2～0.3 厘米厚的细沙土，或谷壳与锯末，再覆盖草帘、草席或草秸，洒足 4 000～5 000 倍液的代森锰锌水，盖上塑料薄膜保墒、保湿，并遮荫。遮荫程度为 100%。

条播时，用锄弓背在畦内划行距为 10 厘米、0.2～0.3 厘米深的沟痕，将种子均匀撒入，覆细沙至平。其后操作与撒播相同。

(四)萌芽后的管理

1. 去掉覆盖，继续遮荫 猕猴桃种子很小，幼苗生长相对细弱，而且缓慢，同时怕风、怕旱、怕涝、怕强光，需要特别精细的管理。如果温度、湿度适宜，一般在播种后 1～2 周即可出齐苗。在苗高 1～2 厘米时，揭去草秸等覆盖物，防止幼苗只长高，不长粗，过于细弱。这时要改加弓棚。弓棚用 1.4～1.5 米长的杨树枝条或竹竿搭构，两两交叉地插入畦两旁，形成弓形,再将草秸、草帘盖在其上,以便遮风、挡光和保湿,遮荫度为70%～75%。要常洒水,保持地面不干。

2. 幼苗移栽前的管理　此期温度渐高,要常喷水防干。喷水时可加0.1%～0.2%尿素和磷酸二氢钾,一般不需进行根际施追肥。同时,要及时拔草,防止草荒。

3. 移　　栽　苗高一寸左右,长出3～4片真叶时移栽。移栽应选无风、无强光的阴天、小雨天或晴天的早晚进行。移栽时,要去掉弱小病虫苗。栽植时实行宽窄行,1宽4窄,宽行行距40厘米,窄行行距10厘米,株距均为5厘米。边起边移栽,移后立即浇水,搭盖荫棚(图3-1)。此后连续15～20天,每天要喷水保湿,直至幼苗长出新叶,证明幼苗已经扎根生长了,这样可减少喷水次数。

图3-1　苗圃遮荫

4. 移栽后的管理　移栽后的管理分两种情况:一是供培育嫁接苗的砧木苗管理;二是供培育高接苗的砧木苗管理。二者在管理上有所不同。

培育高接苗的砧木苗,管理比较简单,即在每棵苗的近旁边插一根长约 2.5 米长的竹竿,绑缚苗干,使之直立向上生长,直到 1.5 米高时打顶,让其增粗生长。此间,苗梢不打扭卷曲不摘心,见打扭卷曲就摘心,始终保持苗干维管束等养分运输疏导系统的顺利通畅,以利于后期树体的旺盛生长。如果不用竹竿支撑,也可以采取在行两头设立支柱,顺行拉塑包钢丝或锌包钢丝,再沿钢丝向每株苗垂直牵绳索,使苗干沿绳索直立向上生长,防止互相缠绕或打扭卷曲。

培育嫁接砧木苗,是在苗高 30～40 厘米时,摘心促其增粗生长,可单苗插竿;也可在行两头设支柱牵绳,具体方法同上。

两种方式都要注意除草,灌、排水和施肥。灌水时,可改喷雾为畦灌或浇灌。施肥可改为行间沟施或撒施后灌水。不要将肥料撒在叶子上和幼苗根颈部,而要撒入沟内并覆土。每次每畦施 0.2～0.3 千克尿素,加少许磷酸二氢钾。施后立即灌水。施肥一定要少量多次。在同一育苗条件下,幼苗的生长好坏、快慢和健壮程度,主要取决于管理者的精心与否。在施肥时想省力,而采用一次吃个饱的做法,往往造成肥料烧苗现象的发生。

5. 植保管理 两周左右喷一次 75％的敌克松 800 倍液,或 75％的百菌清 600～1 000 倍液,或 800～1 000 倍多菌灵、甲基托布津溶液均可,以防止根、茎和叶部病虫害的发生。另外,用药的种类和浓度,要参照农药说明书确定。

二、嫁接苗培育

培育嫁接苗,首先要注意砧木和品种接穗的亲和性是否良好。一般美味猕猴桃作为实生砧木比较好,抗性强一些,生长势好一些。砧木选定后还要注意除去病虫弱苗和残次苗。

接穗的选择一定要注意选优良品种的无病健壮枝蔓。具体培育技术如下：

(一)嫁接时期和部位

1. 嫁接时期　除了伤流期和最热最干旱的季节以外，其余时期嫁接成活率都较高。冬季较冷的地方，在 1～2 月份嫁接时，可在室内实施。

2. 嫁接部位　苗木的嫁接部位，多在茎干离地面 5～6 厘米光滑处。如果基砧苗木较大，也可提高嫁接高度。

实生定植苗的嫁接高度，一般在苗木定植后生长稳定、可确保嫁接成活的部位，距地面高度一般为 1.5 米左右。

(二)嫁接方法

猕猴桃的嫁接方法很多，几乎所有嫁接方法均适合猕猴桃的嫁接，如劈接、舌接、枝蔓腹接、嵌芽接和管接等。

1. 劈　接　此法多用在春季萌芽前，且接穗粗度等于或小于砧木粗度的情况下。其做法为：

第一，将砧木在离地面 5～10 厘米光滑处横向剪断，剪口平面朝下，选剪口粗度等于或接近于接穗粗度，垂直于断面纵切一刀，深度为 1.5～2.0 厘米。

第二，将接穗剪留 1～3 个芽，上端剪口距芽 2～3 厘米，下端剪口距芽 3～4 厘米。然后将接穗下端削成斜面长 1.5～2.0 厘米楔形。楔形的两个斜面是否大小一致，取决于砧木上切口的位置。切口位置在砧木断面正中的，则两个斜面大小一致；不在正中的，则两个斜面一大一小，其大小尽量与砧木上的切口接近。

第三，将削好的接穗插入砧木切口，至少对准一边形成层，两面对准更好。然后用弹性塑料条分别将所有伤面包严绑紧，包括接穗的上端(图 3-2)。接穗上端剪口，也可进行封蜡,防止水分散失。

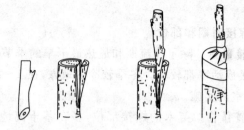

图 3-2 劈 接

此法的优点是嫁接时好操作,速度快,嫁接后愈合快,成活率高,萌芽快,接口牢固,遇风不易从嫁接口折断。

2. 舌 接 此法多在春季萌芽前,或冬季进行室内嫁接时采用,适合于接穗与砧木粗度相等或接近的情况。其做法为:

第一,将砧木和接穗分别按上述劈接法要求剪断,在砧木的剪口和接穗的下剪口光滑处,分别削出倾斜 15°～20°,长为 2～3 厘米的斜面,在距斜面尖端约 1/3 处,和枝蔓、砧干平行,纵切深度约 0.5 厘米切口,将砧木和接穗的这两个切口参差对接严密,使一边或两边形成层对准,尽量不要错位。

第二,用弹性塑料条分别将所有伤面包严绑紧,包括接穗上端(图 3-3)。接穗上端剪口可进行蜡封,防止水分散失。

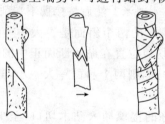

图 3-3 舌 接

第三,室内嫁接好的嫁接苗,最好放在18℃～20℃保湿环境中25～30天,使其伤口充分愈合后,再栽入自然条件下的苗圃中。冬季如果外界温度过低,栽苗过程中和嫁接苗栽植后,注意及时埋土或覆盖防寒。苗木根系极易受冻害,-1℃温度持续半个小时就可出现根系冻伤。

此法的优点同劈接法,且可以机械化操作。机械化嫁接时切口可有多种变化。

3. 枝蔓皮下腹接 枝蔓腹接近年来不常用于苗木嫁接,而多用于高接换头。它有两种接法:一为露芽枝蔓腹接;一为露头枝蔓腹接。前者多用于苗木嫁接,后者多用于高接换头。

(1)露芽枝蔓皮下腹接 首先在砧木离地面5～10厘米光滑处,或要高接的骨架枝蔓的光滑处,切一个3～4厘米长的切口,其深度以刚及木质部为宜,切去2/3断端皮。其次在接穗饱满芽背面削一同样长度和深度的削面,去皮。然后分别在芽上、下部各约1.5厘米处,以芽方短、背方长的方式,剪或削成角度为30°～35°的斜面。最后将接穗与砧木的长削面相对,至少使一边形成层对齐,用弹性塑料条将所有伤面包严绑紧,包括接穗的上端,而将芽露在外面即可(图3-4)。

图3-4 露芽腹接

（2）**露头枝蔓皮下腹接**　首先在砧木离地面 5～10 厘米光滑处，或要高接的骨架枝蔓的光滑处，切一约 1.5 厘米长，倾斜约 30°角的斜切口，切口下部深度以稍入木质部为宜。其次在接穗饱满芽背面下方约 1.5 厘米处，向下削一同样长度和斜度的削面，并在对面削一约 30°角的小斜面。然后将接穗长斜面朝向砧木木质部插入削口底部，至少使一边形成层对齐。最后用弹性塑料条分别将所有伤面包严绑紧，包括接穗的上端（图 3-5）。此处封蜡也可。

图 3-5　露头腹接

4. 嵌芽接　也称带木质芽接。它在所有嫁接季节都可以采用，而目前在生长季嫁接时则比其他方法应用得更多。具体方法为：

第一，选砧木离地面 5～10 厘米光滑处，先在下部切一长度为 0.3～0.4 厘米，深度为砧木直径的 1/5～1/4，斜度约为 45°角的斜面；再从其正上方约 2 厘米处下刀，向下沿呈 15°～25°角斜切至第一刀的深处，去掉切块。

第二，采用同法在接穗的饱满芽上、下方各 1 厘米处下刀，切出带木质芽块，其大小尽量与砧木上的切口一致。

第三，将切好的芽块插入砧木切口，插紧插正，使形成层对准，或至少使一边形成层对齐。

第四,使用弹性塑料条将所有伤面包严绑紧,防止水分散失(图 3-6)。上半年嫁接时,接芽可露在外面,有利于成活后立即萌发。但秋季嫁接时则要包住接芽,以防冬前萌发。

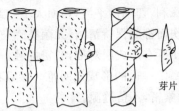

芽片

图 3-6 嵌芽接

5.管 接 管接主要用在枝蔓组织比较幼嫩的情况下,如温室内或组培室的嫁接。此法的优点为操作快,嫁接成活率高。具体方法为:

第一,选砧木和接穗同样粗细的地方,垂直于枝蔓纵径横切断。

第二,取和枝蔓粗度相近的塑料吸管,剪成 1.5~2 厘米长的小段,一半套在砧木断口处,然后将接穗段剪口对准砧木剪口,插入管子的另一半中,使砧木与接穗剪口紧密接触,插紧插正,形成层对准,或至少使一边形成层对齐,以利于砧木营养汁液迅速供应接穗断端,加快接穗部成活速度。

第三,用塑料袋将所有嫁接部位枝蔓包严绑紧,防止水分散失(图 3-7)。要注意嫁接苗所在场所的温湿度变化,以温度为 20℃~26℃、湿度在饱和态为最好。同时,要对周围环境喷施杀菌剂,防止病菌感染造成嫁接失败。嫁接后 10~20 天,接穗开始生长时,证明嫁接已经成活。

图 3-7 管 接

（三）提高嫁接成活率的要点

第一，砧木和接穗粗度一致或接近，粗度应在0.4厘米以上。管接的除外。

第二，工具锋利，切削面平滑，切面大小一致。

第三，所有伤面都要保持清洁，无菌类感染。

第四，尽量使所有形成层对准，紧密接触。如果砧穗粗度不一致，则至少要使一边的形成层对准。接芽或接穗基部和砧木切口要接触紧密，不留缝隙。

第五，要绑扎严密，不让伤面接触外界水分和空气。

第六，技术熟练，操作快，伤口暴露时间短。

第七，绿枝蔓嫁接时，剪去一半叶片，有利于提高嫁接成活率。

（四）嫁接后的管理

一般嫁接后10～30天，伤口即可愈合。夏季嫁接愈合速度快，冬季愈合需要时间长一些。愈合后即可解绑。但秋季嫁接的，要等到翌年2月份才能解绑。解绑时，在接口上2～3厘米处（剪砧处）剪砧。剪砧后要及时抹去砧木上的萌芽，促进品种接芽生长。品种芽长至15～40厘米时，要进行摘心、立柱、拉丝、绑茎干、锄草、浇水和施肥，其植保管理见前面所述实生苗管理。苗木的摘心和植保管理见图3-8。

图3-8　苗木的摘心和植保管理

三、扦插繁殖

扦插分为硬枝蔓扦插、绿枝蔓扦插和插根三种。常用于繁殖砧木自根苗。

(一)硬枝蔓扦插

所用材料多为一年生休眠期枝蔓扦插。其方法大致为:

1. 插床准备　插床同上述实生育苗的自然苗床。也可以不用苗床,直接将培养基质装入营养钵或塑料管,进行容器培养,使苗木便于带土移栽。苗床的基质多选用疏松肥沃壤土和通气透水、肥力良好的草炭土,加上 1/5～1/4 的蛭石或珍珠岩。蛭石和珍珠岩作基质时,要再加 1/5 左右腐熟的有机肥,并充分拌匀。基质最好进行消毒。其消毒方法为:①物理消毒法:即用高压锅在 1.2 个大气压下灭菌 1 小时。此法用于少量基质的消毒。②化学消毒法:常用 1%～2% 的福尔马林溶液均匀喷洒基质后,覆盖塑料膜,熏蒸 1 周。然后打开膜,通风 1 周即可用。或者直接加入无公害的高效低毒杀虫剂和杀菌剂,清除土壤中的有害菌,确保苗木正常生长。此法用于大量基质的消毒。

2. 插穗准备　选择枝蔓粗壮、组织充实、芽饱满的一年生枝蔓,剪成 20 厘米左右长的小段,上下一致捆成小把,两端封蜡。如不立即扦插,需层积保存。保存的方法为:接穗表面喷一次甲基托布津,然后一层湿沙、一层插穗地埋好插穗,使之成三明治状态。沙子湿度为手握成团,松开即散。长期保存时,注意每 1～2 周翻查湿度是否合适,有无霉烂情况。湿度不合适要进行调整,有霉烂情况时要进行一次药剂处理。

3. 扦插　硬枝蔓扦插,多在冬季到翌年 2 月末进行。扦插时,取出插穗,剪去下端封蜡口,以倾斜 45°角剪最好,蘸上生根粉或生长素液,生长素浓度 50～500 毫克/升,处理时间为数分钟至 1 小时。处理时间短,浓度需大一些。浓度低,则需要时间长。另外,中华猕猴桃和美味猕猴桃难生根,需用高浓度,处理时间也长一些;而毛花、狗枣、葛枣和软枣猕猴桃等易生根,处理浓度低,时间短。用生长素处理的枝蔓,可先在 18 ℃～21 ℃ 的温床中倒置 3 周左右,诱导基部产生愈伤组织,然后在 5 ℃ 左右的保湿环境中存至春季扦插。扦插时,将插穗的 3/4～2/3 插入床土,留一个芽在外,直插、斜插均可。还可用木棍或竹棍插洞引路,以防插伤表皮。插条间的行距为 10 厘米,穗距为 5 厘米。可以每 4 行留一宽行,以便以后进行嫁接。插后要灌水,以利于插条和土壤的紧密接触。同时,要盖上锯木或草帘,并搭弓棚遮荫。其后管理同实生育苗。苗圃管理见图 3-9。

图 3-9　苗圃管理

(二)绿枝蔓扦插

绿枝蔓扦插,指生长期带叶枝蔓的扦插。也称为半木质枝蔓扦插。

1. 插床准备　嫩枝蔓扦插的插床,基本同于硬枝蔓插床,只有两点不同:一是要有充足的光照条件;二是要有弥雾保湿设备。光照为插穗的叶片提供光合能量,弥雾保湿可以减少叶片的蒸腾作用。为了减少插穗的水分散失,可将叶片剪去 1/2～2/3。

2. 插穗准备　绿枝蔓插穗选用生长健壮、组织较充实、叶色浓绿厚实、无病虫害的木质化或半木质化新梢蔓。绿枝蔓插穗不贮藏,随用随取材。为了促进早生根,可用生长素类处理下部剪口。常用药剂及处理浓度为:采用 IBA,使用浓度为 20～500 毫克/升,处理 30～1 分钟;或用 3～5 克/升浓度溶液速蘸。也可采用 NAA,使用浓度为 20～500 毫克/升,处理时间同上。还可以用 ABT 生根粉蘸下剪口等。

3. 扦插　方法同上述硬枝蔓扦插。扦插时,要注意保湿,特别是在插后的前 2～3 周内,保持高湿度决定着扦插的成败。弥雾的次数及时间间隔,以苗床表土不干为度,弥雾的量以叶面湿而不滚水即可。过干,会因根系尚未形成,吸不上水而枯死;过湿会导致各种细菌和真菌病害的发生和蔓延。绿枝蔓扦插的喷药次数较多,大约 1 周一次。要多种杀菌剂交替使用,以防病种的多发性,确保嫩枝蔓正常生长。插后 3～4 周,根系形成。此后,可逐步减少喷水次数,降低空气湿度。

绿枝蔓扦插苗生根后 1～2 周,约在插后 40 天,即可移栽。移栽应选无风的阴天或晴天的早晚进行。在环境温度为 15℃～25℃、空气湿度接近饱和情况下,移栽成活率高。移栽后要立即灌透水,但不要积水。在 1 个月内要注意保湿和遮荫。此后在保湿方面可进行常规管理。

扦插成活的砧木苗需嫁接。品种扦插苗需摘心和绑蔓,方法同高位嫁接的砧木苗培育。

(三)插　根

猕猴桃的插根成功率比枝蔓扦插成功率高,这是因为根产生不定芽和不定根的能力均较强。插根穗的粗度,可细至

0.2厘米,插时不用蘸生根粉或生长素。根插的方法基本同于枝蔓插,也有直插、斜插和平插三种方式。但插穗头外露仅0.1~0.2厘米,而且要保湿,可以用谷壳、锯末等进行表面覆盖,以利于根插条萌发不定芽。还可以改每周或每两周一次的喷水为喷杀菌剂,防止根基霉变;其余与扦插相同。

插根一年四季均可进行,以冬末春初插效果好。初春插后约1个月即可生根发芽,50天左右抽生新梢。新梢比较多,留一健壮者即可,其余的可抹掉。

(四)枝上芽、根上芽扦插

此法为利用根和枝蔓上萌发的嫩芽来扦插,可形成较多的单株。其方法为:将枝条或根插穗上萌发的多余的黄色嫩梢从基部掰下,蘸或不蘸生根粉,带叶扦插在同样基质上,生根长成植株。因为根和黄色嫩梢都含有较高水平的生长素,对生根很有利,所以,此方法的成功率很高。扦插后,在前期要搭塑料小弓棚,并进行弥雾保湿,其他管理同上。

四、压条与分蘖繁殖

(一)压 条

利用猕猴桃裙枝蔓和旺长而无用的枝蔓,就地埋入土中,或用土、锯末等基质局部包埋,促其生根后分离出植株的方法叫压条。压条繁殖率不高,不常用。分为地下压条和空中压条。

1. 地下压条 一般对于长的裙枝蔓多采用此法。其方法为:每3~5节留1个芽在地面上,其余埋入地下。可在埋入地下的枝蔓下部,用小刀纵向划痕造伤,蘸上生根粉或生长素,一般用 IBA 20~500 毫克/升浓度液。然后埋入土中,促其生根。待根完全长成后,分段剪断,分离出新植株。地面压条的关键为保持土壤湿润疏松,以利于新根生成。

2. 空中压条　空中压条,是利用树体上旺长而健壮、但没有空间发展的枝蔓,来繁殖新的植株。其方法为:在所选枝蔓上,分段用黑色塑料薄膜包裹绑缚一团湿沙土、湿锯末或蛭石等基质,人工营造一个土壤环境,促其生根。其中的造伤、蘸生根粉和保湿等措施,同上述地面压条。生长季处理后1～2个月,即可生根;生根后1～2周即可分段剪下,带基质移栽。

(二)分　株

猕猴桃的分蘖,在多数种类上都很强,可以利用这一特性进行根系分离,使其成为一个独立植株。此法的繁殖率比压条低,故不常采用。

进行压条和分株繁殖时,一定要注意母株健康程度的选择,避免传染性疾病借分体蔓延传播,特别是病毒病等活体传播病虫害,更要注意防止随植物材料的扩散。

五、组织培养繁殖与工厂化育苗

植物组织具有无限增殖和产生不定芽、不定根的能力。在培养条件适宜时,用一个芽可以培养出许多植株来。这在保持优良砧木及品种种性,进行大批量的工厂化育苗方面,具有很好的意义。其方法步骤如下:

(一)外植体材料消毒与接种

取田间或温室里当年生新梢或一年生枝蔓,去掉叶片、叶柄,用肥皂水将表面刷洗干净,并用自来水充分冲洗,然后将其剪成一芽一段,放入干净烧杯,摆进超净工作台。先用70%酒精过一下,再用无菌水(用高压锅,在 120 ℃下,灭菌30 分钟的水)冲洗 3～5 遍;继而用 0.1% 升汞液消毒 5～10分钟,用无菌水冲洗 3～5 遍。然后用酒精灯火焰消毒过的工具,即镊子、剪刀、拨针和解剖刀等,剥去鳞片和叶柄,取出带数个叶原基的幼芽接入培养基,半包埋即可。

如果外植体所在的环境污染比较厉害,外植体接入无菌室这一关比较难以通过,经常出现外植体的接种全部污染问题时,则可以采用接种茎段法。其操作方法为:取枝条用上述方法消毒后,在无菌条件下剥去外皮层,露出白色内皮层。注意不要使所有接触到消毒枝条的正在用的工具接触上白色内皮层部分;换用消毒剪剪掉剥段一头约半厘米长,扔掉。换干净镊子夹住刚剪过的一端,再剪掉另一端约半厘米长,将余下最干净的剥段接种于培养基中,半包埋,待愈伤组织产生后长出不定芽,则容易成功。如果接种枝条太粗,可以纵劈成两半或三瓣、四瓣后接种,有外内皮层的一面朝下,半没入培养基中,有髓的一面朝上,以利于组织吸收营养,长出新组织和不定芽。这个方法的缺点是,不定芽在保持种性方面不太保险,容易发生变异。

培养基成分如表 3-1 所示。

表 3-1 猕猴桃组培苗继代培养基成分 (单位:毫克/升)

成 分	含 量	成 分	含 量	成 分	含 量
硝酸铵	1650	磷酸二氢钾	1700	七水硫酸镁	370
硝酸钾	1900	七水硫酸锌	8.6	二水钼酸钠	0.25
EDTA 钠	37.2	五水硫酸铜	0.025	二水氯化钙	440
六水氯化钴	0.025	维生素 B$_1$	0.1	一水硫酸锰	22.3
碘化钾	0.83	七水硫酸铁	27.8	硼 酸	6.2
肌 醇	100	维生素 B$_6$	0.5	烟 酸	0.5
甘氨酸	2.0	蔗 糖	30000	琼 脂	6000
BA	1.0	IBA	0.3～0.5	培养基 pH	5.8

培养基配好后,将它装入广口罐头瓶、三角瓶或试管,装入量为1~2厘米高。经120℃灭菌20~30分钟后备用。

外植体接种后,把它放到培养室的培养架上进行培养。培养条件为:光照1 000勒,照射8~10个小时,暗14~16小时;温度为25℃~28℃。培养1~2周后,即可看出是否消毒彻底,有无感染。要及时检查,将未感染的外植体转接到新的培养瓶内,丢弃已感染的外植体。组织培养情况见图3-10。

图3-10 猕猴桃苗组织培养

(二)继代繁殖

上述接入的外植体培养1~2个月,即可长成2~3厘米长的新生嫩梢。在超净工作台上,将其剪成约1厘米长的茎段,接种到新的培养基中(培养基的配方同上)。剪茎段时所用工具和培养皿(或牛皮纸),都要经过消毒。消毒方法分别同上述酒精灯消毒法和高压消毒法。

此后,大约每25天进行一次继代培养。每次的茎段增殖量为3~4倍。反复进行继代培养,直至达到所需的数量。

(三)生　根

上述培养的茎段长到2厘米以上时,即可用于生根。生根培养基的成分为上述培养基的大量元素减半,除激素和蔗糖外,其他成分不变(表3-2)。

表3-2　生根培养基成分　(单位:毫克/升)

成　分	含　量	成　分	含　量	成　分	含　量
硝酸铵	825	磷酸二氢钾	850	七水硫酸镁	185
硝酸钾	950	七水硫酸锌	8.6	二水钼酸钠	0.25
EDTA 钠	37.2	五水硫酸铜	0.025	二水氯化钙	440
六水氯化钴	0.025	维生素 B_1	0.1	一水硫酸锰	22.3
碘化钾	0.83	七水硫酸铁	27.8	硼　酸	6.2
肌　醇	100	维生素 B_6	0.5	烟　酸	0.5
甘氨酸	2.0	蔗　糖	15000	琼　脂	6000
BA	0	IBA	0.1~0.3	培养基 pH	5.8

生根培养基配好后,也需进行高压灭菌(120 ℃,20~30分钟)后才能使用。

生根培养20天左右,茎段上即可长出根,成为完整的幼苗。生根苗长到3~5厘米长时,即可炼苗、移栽。

(四)生根苗的锻炼和移栽

1. 炼　苗　组培苗在人工培养条件下长期生长,对自然生长环境的适应性就会减弱。移栽前需要经历一个过渡阶段,即炼苗。炼苗的方法为:将培养瓶移至自然光照下2~3天,打开瓶口2~3天,然后再移栽。

2. 移　栽　移栽时,首先洗净根上的培养基,避免培养基感染杂菌致幼苗死亡。移栽方法及灌水、遮荫等管理和实生苗移栽时相同。但需注意,组培苗比较娇嫩,要轻盈操作。

(五)工厂化育苗

将上述培养基制备、装瓶、消毒、无菌苗增殖、生根、炼苗与移栽等过程,全部大批量地在实验室和温室中进行与完成,即为工厂化育苗。目前,这样的生产线已在意大利和法国投入使用。但外植体接种尚需人工操作。

第三节　苗木的标准及出圃与运输

一、苗木修订标准

国家关于猕猴桃苗木修订标准的具体规定,如表 3-3 所示。

表 3-3　我国猕猴桃苗木修订标准

| 项　目 | | 级　别 | | |
		一　级	二　级	三　级
品种砧木		纯　正	纯　正	纯　正
侧根数量		4 条以上	4 条以上	4 条以上
侧根基部粗度		0.5 厘米以上	0.4 厘米以上	0.3 厘米以上
侧根长度		全根,且当年生根系长度最低不能低于 20 厘米,二年生根系长度最低不能低于 30 厘米		
侧根分布		均匀分布,舒展,不弯曲盘绕		
苗木高度	当年生种子繁殖实生苗	40 厘米以上	30 厘米以上	30 厘米以上
除去半木质化以上嫩梢	当年生扦插苗	40 厘米以上	30 厘米以上	30 厘米以上
	二年生种子繁殖实生苗	200 厘米以上	180 厘米以上	160 厘米以上
	二年生扦插苗	200 厘米以上	180 厘米以上	160 厘米以上
	当年生嫁接苗	40 厘米以上	30 厘米以上	30 厘米以上
	二年生嫁接苗	200 厘米以上	180 厘米以上	160 厘米以上

项 目		级 别		
		一 级	二 级	三 级
嫁接口上5厘米处茎干粗度	低位嫁接当年生嫁接苗	0.8厘米以上	0.7厘米以上	0.6厘米以上
	低位嫁接二年生嫁接苗	1.6厘米以上	1.4厘米以上	1.2厘米以上
	高位嫁接当年生嫁接苗	0.8厘米以上	0.7厘米以上	0.6厘米以上
	高位嫁接二年生嫁接苗	0.8厘米以上	0.7厘米以上	0.6厘米以上
饱满芽数		5个以上	4个以上	3个以上
根皮与茎皮		无干缩皱皮	无新损伤处	陈旧损伤面积<1.00厘米^2
嫁接口愈合情况及木质化程度		均良好		

二、苗木标准的掌握

(一)适用范围

上述标准适用于1～2年生的猕猴桃实生砧苗木、自根营养系苗木和嫁接苗木。3年生以上苗木栽植成活率较低,故不列入合格苗木的范围。

(二)主要项目的把握

1. 根皮及茎皮损伤限度　是指因自然、人为、机械或病虫引起的损伤。无愈伤组织为新损伤处,有环状愈伤组织的为陈旧损伤处。这些方面均应达到所属等级的限量标准。

2. 侧根基部粗度　是指侧根距茎基部2厘米处的直径,应达到所属等级的粗度。

3. 全　根　是指根系在起苗后保持完好无损,没有缺根、劈裂伤和断根。

4. 苗干高度　是指地面至嫁接品种茎先端芽基部的长度,应达到所属等级的高度。

5. 苗干粗度　低接苗是指苗干离地面 5 厘米处直径,高接苗是指离地面 160 厘米处直径,都应达到所属等级的粗度。

6. 扦插苗苗干粗度　当年生扦插苗干粗度是指扦插苗干上距原插穗 5 厘米处苗干的直径,二年生苗是指高接苗指离地面 160 厘米处直径,都应达到所属等级的粗度。

7. 苗木年龄　实生砧苗要求砧木生长一年;嫁接苗要求砧木生长一年,嫁接后生长一年;扦插苗要求扦插后生长两年。3 年生以上的苗木定为不合格苗木。

三、苗木病虫害检疫

(一)病虫害检疫标准及检验方法

猕猴桃苗木不得携带检疫性病虫害及其检验方法如下:

第一,根结线虫(北方根结线虫和南方花生根结线虫)。检验方法是看根部有不规则膨大结节,数量和大小不一,颜色同健康根。在解剖镜下解剖结节可看到半透明状线虫体。

第二,介壳虫(狭口炎盾蚧,也称贪食圆蚧、棉粉蚧、柿圆蚧、草履蚧等)。目检时,可见在苗干和枝蔓上附着有被白色蜡粉的褐色或黑色介壳虫体。

第三,根腐病(疫霉菌类根腐病、蜜环菌类根腐病)等。目检时可见根颈部,乃至整个根系呈水浸状病斑,褐色,腐烂后有酒糟味。

第四,溃疡病(丁香假单胞杆菌猕猴桃溃疡病致病菌变种)。检验时,可见溃疡病苗干部有溃烂,伴有白色至铁锈色汁液流出;或溃烂后留下的干疤,有纵裂痕,纵裂两侧韧皮部木栓化,并加厚。

第五,病毒病(花叶病毒、褪绿叶斑病毒)。检验时,可见叶部有明显病斑。

第六,丛枝菌(类菌原体)。检验时,可见枝蔓丛生,芽节间很短。

(二)检测规则

1. 检验进行地点　检验苗木,限在苗圃进行。

2. 检验苗木质量与数量　采用随机抽样法。猕猴桃苗木在999株以下的苗圃抽样10%,千株以上,在999株以下抽样10%的基础上,对其余株数再抽样2%。即999株以下抽样数=具体株数×10%,千株以上抽样数=999株以下抽样数+[(具体株数-999株)×2%],计算到小数点后两位数,四舍五入取整数,即为随机抽取的检验苗木株数。

四、苗木出圃

(一)出圃标准

猕猴桃苗木的出圃标准,依前述中华人民共和国猕猴桃苗木修订标准执行。

(二)苗木检验

苗木质量检验应该在苗木买卖双方责任人在场的情况下,由具有资质的专业人员进行。其中有关检疫性病虫害的检测,由县级以上的植物病虫害检疫部门具有资质的检疫人员进行,并出具检测报告,明确相关的责任。

(三)起苗时间

裸根的贮藏、运输和定植苗木,必须在休眠期进行。如果要在生长季节进行,则要选择连阴雨天,并在具有良好保湿条件的前提下进行。而带土或带根系生长基质移栽,其可供选择的起苗时间范围较宽。

(四)起苗方法

以人工起苗和机械起苗均可。但无论采用何种方法,均应尽量保证苗木根系完整,不能造成大量根系的断裂,以免影响苗木的成活和定值后生长。

(五)苗木出圃

第一,苗木出圃要附有苗木标签和苗木质量检验证书。苗木标签要求用厚度 0.10～0.12 毫米、白色聚乙烯膜标签;标签正面印刷项目用黑色 5 号宋体字,反面为空白;用蓝色圆珠笔填写标签。

第二,复检苗木质量数量,认真搞好苗木交接。复检出误差时,生产单位必须按用苗单位购买的同级苗补足总数,扣除苗数不予计算和收回。计算方法如下:补苗数＝购买的同级苗数×(苗木质量不符合标准的株数＋苗木数量不足数)/抽样苗数×100。

第三,严格苗木检疫证书发放手续。凡有检疫对象和应控制病虫的苗木,严格封锁,不得外运。不得发放苗木检疫证书,否则,后果由检疫证发放单位负责。

五、苗木保管、包装与运输

(一)苗木保管

秋末起苗时,必须作好越冬保管工作。通常将猕猴桃苗木保管在有一定湿度的假植沟中。假植沟要选背风向阳、地势高处挖掘。沟宽 50～100 厘米,沟深和沟长分别视苗高、气象条件和苗量确定。须挖两条以上假植沟时,沟间距离应在150 厘米以上。沟底铺湿沙或湿润细土 10 厘米厚。进行苗木假植时,苗梢要朝南。要按砧木类型、品种和苗木级别清点数量,做好明显标志,斜立于假植沟内,填入湿砂或湿润细土,使苗根、茎干与沙土密切接触,地表填土成堆形。在苗木无越冬冻害或无春季抽条现象的地区,苗梢要外露 10 厘米左右;在有越冬冻害或有春季抽条现象的地区,苗梢要埋入土下 10厘米。在冬季多雨、雪的地区,应在假植沟四周挖排水沟。

(二)苗木包装

苗木运输前,要用稻草、草帘、蒲包、麻袋和草绳等进行包裹并捆绑好。每包 50 株,包内苗根部要填充保湿材料,以做到不霉、不烂、不干、不冻与不受损伤为准。包内外附有苗木标签。

(三)苗木运输

苗木运输要适时,务求保证质量。汽车自运苗木,途中应有塑料厚膜和帆布篷两层覆盖,并做好防雨、防冻、防干和防失等工作。到达目的地后,应尽快定植或假植。

第四章　标准化建园

第一节　猕猴桃园地的选择

　　进行猕猴桃园地选择,首先要调查、了解当地的气候情况和土壤环境等自然生态条件。栽培美味猕猴桃的要求为:年平均温度为 11.3℃～16.9℃;极端最高温度不超过 42.6℃,极端最低温不低于－15.8℃;深秋、初冬无急剧寒流,不出现气温突然下降到－12℃以下;大于或等于 10℃的有效积温为 4 500℃～5 200℃;生长期日均温不低于 10℃～12℃,无大风;无霜期为 160～240 天;日照时数为 1 300～2 600 小时;自然光照强度为 42%～45%;年降水量为 1 000 毫米左右;空气相对湿度在 70% 以上;土层深厚,疏松肥沃,富含有机质,pH 值为 5.5～6.8;排水良好,土壤质地要求为山地森林土、红、黄、棕、黑沙壤或壤土。但是,完全满足这些条件的地方不多。然而,只要土壤肥沃,排灌方便,光照充足,气候温和,不在风口、雹打线上的地块,干旱的北方如有灌溉条件,湿润的南方有排灌措施,有大风的地区建有防护林,则也可以栽培猕猴桃。

　　除了考虑以上自然条件大的方面以外,还要考虑当地社会、经济、交通、小气候和立地条件。一般来说,社会治安良好,投资足,交通便利,市场潜力大,政府支持,群众栽培的积极性高,具备这样条件的地方,如果自然生态条件又很好,就是可以选择的理想的猕猴桃园址。

　　猕猴桃无公害标准化园地的环境条件,应符合中华人民共和国农业行业标准《无公害食品　猕猴桃产地环境条件》(NY5107－2002)中,关于空气质量、灌溉水质量和土壤环境质量的要求(表 4-1,表 4-2,表 4-3)。

表 4-1　猕猴桃产地环境空气质量要求

项　　目		浓度限值	
		日平均	1 h 平均
二氧化硫(标准状态)/(mg/m³)	≤	0.15	0.50
氟化物(标准状态)/(μg/m³)	≤	7	20

注:日平均指任何一日的平均浓度;1 h 平均指任何一小时的平均浓度

表 4-2　猕猴桃产地灌溉水质量指标

项　　目		浓度限值
pH		5.5～8.5
总汞/(mg/L)	≤	0.001
总镉/(mg/L)	≤	0.005
总砷/(mg/L)	≤	0.1
总铅/(mg/L)	≤	0.1
氯化物(以 Cl⁻ 计)/(mg/L)	≤	250

表 4-3　猕猴桃产地土壤环境质量要求

项　　目		含量限值		
		pH<6.5	pH6.5～7.5	pH>7.5
总镉/(mg/kg)	≤	0.3	0.3	0.60
总汞/(mg/kg)	≤	0.3	0.5	1.0
总砷/(mg/kg)	≤	40	30	25
总铅/(mg/kg)	≤	250	300	350

注:本表所列含量限值适用于阳离子交换量＞5 cmol/kg 的土壤,若 5 cmol/kg,其含量限值为表内数值的半数

第二节　猕猴桃园地标准化建设

果园的设计非常重要。通常一个小果园要分成若干小区,许多小果园组成大果园,许多大果园组成一个基地,许多基地组成一个产区,最终由许多产区组成一个产业。从大果园开始,如果需要,可请园林设计师进行设计。

一、园区规划与防风林设置

园区规划应充分利用当地有利的自然条件和资源,避免不利因素,全面规划,合理布局。

(一)果园道路

建立产区、果品基地和大果园时,必须考虑道路和果园建筑。产区和基地规模均较大,要选在交通干线、支线上,直通各级政府所建的水泥或柏油路,即在行政区交通主干道两侧。大果园要选择在村通一级公路以上的地方,如果没有如此大道,则需进行建设。一般需要有两车道。大果园内要有 6 米宽的果园干道,通向工具房、果库、粪池、水池和看护房等果园建筑。果园干道为行政主干道的分支。果园干道以下要设计小区间供作业机械或运输工具车通行的车道,称为支道。支道宽 3～4 米。它为果园干道的分支。小区内要留有作业道。作业道宽 2 米左右,可通小型机械运输工具及人力车等,以便于粪肥、果实运输和机械喷药。

(二)果园建筑

主要为看护房、农机具等工具房、果库或临时果库、农药房、粪池、水泵房及水池,或喷灌、滴灌设施,甚或小型气象站等。其设计规模和建设水平,可根据果园大小和投资力度,或正规化,或简陋处理。

(三)排灌系统

排灌系统有现代化的喷灌、微喷、滴灌、水泥沟灌、地下管道暗灌、土沟灌和穴灌等。最常见的仍然为土沟灌系统。其结构为沿大小道路和防护林旁设成明渠灌排水网,灌水渠在地势高的一端,排水渠在地势低的一端。也可在灌排水渠的两端设闸,使灌排水渠合二为一,以上游的排水渠作下游的灌水渠,涝时用于排水和蓄水,旱时用于灌溉。进入果园内部的灌水小沟,比较经济实用且对树体根系有好处的为排沟灌。让根系一部分浸在水里,一部分吸收土壤渗水,从而能够呼吸,维持在较好的生命活动状态。

排灌系统在坡度较大的浅山和梯田果园,要分级设跌水设施,以防止因坡度太大,水流过猛,毁坏设施。

(四)防护林带

猕猴桃对风特别敏感。它叶大质脆,果实皮薄质嫩,枝蔓木质化程度差,较软,遇大风容易摆动,损伤严重。因此,对它来说防风林带必不可少。

防风林带分为主防风林带和副防风林带。主防风林带设在主干道与干道两侧,主干道旁栽树 6～8 行,干道栽 3～6 行。副防风林带设在小区间支路两边,为 2～3 行。防风林带距果园 5～7 米,与果园之间用深沟隔开,以防止防风林带树种根系向果园内快速生长。防风林带在两行以上时,需乔木与灌木结合,乔木与灌木之比为 1～2：1。乔木树种可选速生树种,为白杨、水杉、木麻黄、云杉、柳树、香椿和松树等,灌木可选枸橘、冬青和黄杨等(图 4-1)。所选树种的花期,不能与猕猴桃花期相同;否则会影响猕猴桃的授粉和坐果。也可以在乔木防风林树种旁栽上猕猴桃雄株品种植株,让其沿着乔木向上生长。在花期,可采用人工定向鼓风法,吹动它的花粉,进行授粉。

图 4-1 果园道路和防风林

二、小区设计

(一)平地建园的小区设计

平地建园,可设长方形小区。小区长 100~150 米,宽40~50 米,面积为(6~11)×667 平方米,行向选南北向。小区四周设防风林带,垂直于当地主风向一面的林带要较厚,为3~4 层高低不同的树种;平行于当地主风向一面的林带较薄,由一层高、一层低的树种构成。面积较大的小区,或风力较强的地区,主林带中间每 20~25 米设一道临时人工防风林网。防风林网可沿小区间作业通道而设,再沿防护林和作业通道设排灌渠道,或排灌系统的管道或暗渠等。

(二)低丘、浅山建园的小区设计

低丘、浅山建园以向阳坡向为好,即选东、南、西坡向。

而雨量较少的地方则以选阴坡为佳。一般需建成梯田，沿等高线设行。行的长度随地形、道路或防风林距离而定。在梯田，小区的宽度一般即为梯田的宽度。在缓坡地，则每40～50米宽设一小区。此为一般高度下防风林的有效防风距离。如果风不太大的地方，小区的宽距可以适当加大。缓坡地中间局部坡度较大的地块，可以改为鱼鳞坑栽植方式。总的原则为因地制宜，随地做形。防风林的设置同平地果园。

(三)陡山地建园的设计

在陡山地建设猕猴桃果园，仍以在向阳坡面建园为好。因为山坡太陡，不能将整个坡面建成一体化梯田时，可分段建梯田或修鱼鳞坑栽植猕猴桃植株。灌溉系统最好采用滴灌法。在山顶修蓄水池，将水提升上去蓄存，灌时就势而下，既方便，又省水。鱼鳞坑间距为3～5米，坑的外沿高，靠山处低，有利于水土保持。用石块加水泥砌坑沿，经久耐用。但是在雨水较多的南方，鱼鳞坑一定要留出水口，以防下大雨时积水，造成根系受淹，诱发根腐病。

三、整　地

整地分彻底性整地，也称为全园性整地，和分年度整地。其中全园性整地多用在对水稻田的改造上，分年度整地多用在旱地整地。资金充足时均可采用全园性整地。从总体投资的效益比率来看，全园性整地的投资效益高于分年度整地，而且好操作。二者均可采用机械作业，而且机械作业比人工挖掘的费用要经济一些。据调查，目前全园性改土整地，在中、西部地区需要的资金为 1 000～1 200 元/667 平方米，而人工改土则需要资金 1 200～1 500 元/667 平方米。

(一)全园性机械整地改土

全园性机械整地改土有两种方式:其一为抽土式,北方无涝灾的地方采用;其二为松土式,南方多雨或雨季集中的地区采用。以常用的 4 米行距为例,二者的进行技术如下:

1. 抽 土 式

(1)放　线　沿比降合适的方向放线,线的间距为 1 米。

(2)开　挖　将表层土抽出 40 厘米深,堆放到靠园地整地最终的一边的地两头;

(3)施肥和回填　按每 667 平方米施入农家肥和各类粉碎草秸 4 000～5 000 千克。对北方中到微碱性土壤,施过磷酸钙 300～500 千克,把它撒于沟槽内。继续挖 40 厘米深的生土层,和生土拌混均匀,填入槽内下层 40～50 厘米深。如果草秸未进行粉碎,则需要边开挖,边混拌,边回填。否则草秸难以拌匀填入生土层。

(4)回填熟土　再将另 1 米线内的熟土,开挖 40 厘米铺在上面,形成一条略高出地面 10～15 厘米的松土畦。

(5)重复施肥与回填　进行生土层开挖、施肥、拌匀和回填;

(6)重复回填熟土　进行熟土层覆盖。

(7)再重复施肥与回填　进行开挖、施肥、拌匀和回填;

(8)再重复回填熟土　进行熟土层覆盖。苗子就定植在此条线上的熟土层里,不容易出现初定植因施肥不当而造成死苗率高的现象。

其后依此类推,直至进行到全园最后一道作业线时,将地头的熟土填平缺口沟即可。

2. 松 土 式

(1)放　线　在南方地区,沿园地水流方向放线;在北方地区,沿等高线方向放线。行距为 4 米时,线距宽 2 米;行距

3米时,线距1.5米。

(2)翻 挖 从园地一端开始,将第一道2米宽土壤挖松40~50厘米深,放在原处。再将第二道2米宽厢土壤,挖起40~50厘米厚,堆放在第一道松土上,行成一个2米宽的槽,槽深约80厘米;

(3)施肥和回填 按每667平方米施入农家肥和各类草秸4 000~5 000千克,在北方地区的中到微碱性土壤上,施过磷酸钙300~500千克;在南方地区的酸性土壤上施钙镁磷肥500千克,主要是拌生土混匀施入槽内下层40~50厘米深处。再将熟土放在最上面,形成一条高出地面30~40厘米的宽畦。将苗子定植在此宽畦上的熟土层里,不容易出现初定植因施肥不当而造成死苗率高的现象。

(4)开挖整理排水沟 在两个定植高畦中间,开挖整理出一条宽约50厘米,中间深50厘米,地势低的一头地边深70厘米的缓慢下降的排水沟,以防下大雨时果园积水。理沟时,将熟土放在定植高畦的中央位置,生土放在定植高畦边。最后理成一个瓦背形,定植高畦中央高出两边15~30厘米。

依此类推,进行全园整地改土和整理排水沟。

(二)分年度进行整地改土

此法也称为开槽法。以4米行距为例,其实施方法如下。

1. 放 线 沿水流方向,距地埂1.5米放第一道线,再间隔1米放第二道线,再隔3米放第三道线。此后重复1米与3米的间距划线。

2. 提取熟土 开挖两线之间的熟土,放置在沟槽一边。

3. 挖松生土、施肥和回填 继续挖40厘米深的生土层,每667平方米施入农家肥和各类草秸4 000~5 000千克。北方地区的中性到微碱性土壤地上,每667平方米再施过磷酸钙 300～500 千克,和生土拌混均匀,施入槽内下层 40～50 厘米深处。

4. 回填熟土　将翻挖出的熟土回铺在沟内的上层,形成一条略高出地面 10～15 厘米的松土畦。苗子就定植在此畦上的熟土层里。

此后,用同法处理每个 1 米宽的窄线距间,分别形成不同的定植行。

（三）人工整地改土

人工整地改土仍以行距 4 米为例,其实施方法如下:

1. 放　线　按照合适的比降,沿水流方向,以行距 4 米放线。在行距 4 米线之间,再按 2.5 米与 1.5 米的距离划线,其中线距 2.5 米的为定植高畦,1.5 米的为排水沟凹畦。

2. 起 熟 土　将 2.5 米宽畦上约 30 厘米深的耕作层熟土挖起,放在 1.5 米宽的窄畦面上。

3. 施　肥　在 2.5 米宽的宽畦上,按每 667 平方米撒施农家肥和各类稿秆 4 000～5 000 千克,过磷酸钙 300～500 千克。若土壤为酸性,则每 667 平方米再施钙镁磷 500 千克。

4. 翻　挖　在施肥后的宽畦上进行深翻,用两锹套翻法,可以使翻土深度达到 40～50 厘米深度。深翻时将肥料、杂草和秸秆等与生土拌匀。

5. 回　填　将放在 1.5 米畦上的熟土回填,至宽畦表层,用于定植苗木。

6. 整理排水沟　在 1.5 米窄畦中央,按 40～50 厘米宽放线挖沟,地势高的一端,沟深为 50 厘米,地势低的一端沟深 70 厘米,加大比降,以利于排水。挖排水沟时,将表层熟土放在定植高畦中央,生土放在宽畦边,最后将宽畦整成瓦背形,中央高出两边 15 厘米左右。

(四)抽槽式整地改土

采用此方法进行改土,用机械和人工均可。以 4 米行距为例,具体方法如下:

1. 放　线　按比降沿水流方向放线,第一道线距边 2 米,以后每 4 米放一道线。

2. 抽　槽　以所放的线为基线,向两边各挖土 0.5 米宽,将上面翻抽的 30～40 厘米厚的熟土放在一边,形成一条沟槽。

3. 施　肥　按照每 667 平方米施各类草秸与农家肥 4 000～5 000 千克、过磷酸钙 300～500 千克的标准在槽内施肥;若为酸性土,则每 667 平方米再加施钙镁磷 500 千克。要将肥料撒匀,翻挖搅拌均匀,深度为 40～50 厘米,总松土层深度要求为 80 厘米。

4. 回　填　在槽内施好肥以后,将抽槽挖起的熟土,全部回填到槽内。

5. 开挖整理排水沟　在未翻挖的 3 米宽畦正中,按 40 厘米宽放两条线,以开挖整理排水沟。排水沟的规格为 40 厘米宽,地势高的一端沟深 50 厘米,地势低的一端沟深 70 厘米。挖排水沟时,将表层熟土放在定植高畦中央,生土放在宽畦边。最后,将宽畦整成瓦背形,中央高出两边 15 厘米左右,两边又高出地面 15 厘米左右。

四、品种选择与授粉品种搭配

(一)品种选择

品种选择的原则为:第一,选择适合当地气候、土壤条件的品种。新栽区可参照临近或环境条件相近地区的品种选择经验进行。第二,注意当地社会、经济、交通、运输、贮藏、加工和销售市场等条件。如果距离大城市较近且交通方便，可栽植耐贮运性差的优良鲜食品种。反之，应注重品种的耐贮运性。有加工条件的可着重发展加工品种。第三，规划大规模性猕猴桃商品基地和大面积果园时，要从市场占有、全年供货时间及劳动力分配角度考虑，配置早、中、晚熟品种。其比例可根据市场调查和预测、贮运、加工能力等因素来定。第四，要注意授粉品种的选择和搭配。

根据以上原则和各地的生态条件，以及猕猴桃的生产经验，提出以下品种选择建议，可供种植者参考。四川、湘西一带低海拔地区，可种植红阳品种。红阳虽然娇贵，需要高肥水的精细管理，但是价格也较贵。这几年其市场收购价位均在每千克 6～12 元。陕西秦岭北麓至河南南部一带，可种植海沃特、哑特和华优等品种。这些品种生长势强，抗性强，有利于稳产丰产。湖北省及其以东、以南地区，可以发展金魁、金阳和金丰等品种，以适合广大沿海城市对绿色果肉和黄色果肉猕猴桃的需求。目前，黄色和红色果肉品种的售价相对较高，可以多发展一些。

(二)授粉品种的搭配

现在推广中的猕猴桃栽培品种，均为雌雄异株。因此建园时，在选好适应当地气候、土壤条件优良雌性品种的同时，还必须选择与其相配的雄性品种。

授粉品种选择搭配的原则为：雄性品种的花期范围与雌性品种相同或稍宽，而且花量大，花粉量大，花粉萌芽率高，两者亲和性好，授粉后能受精并结籽。如果不想进行人工授粉的话，雌雄配置比例为：雄∶雌＝1∶5～8。定植方式如图4-2所示。在每株雌株上嫁接 1 个雄株小枝蔓，授粉效果更佳，还节约土地。

图 4-2 主栽品种和授粉品种搭配栽植示意图

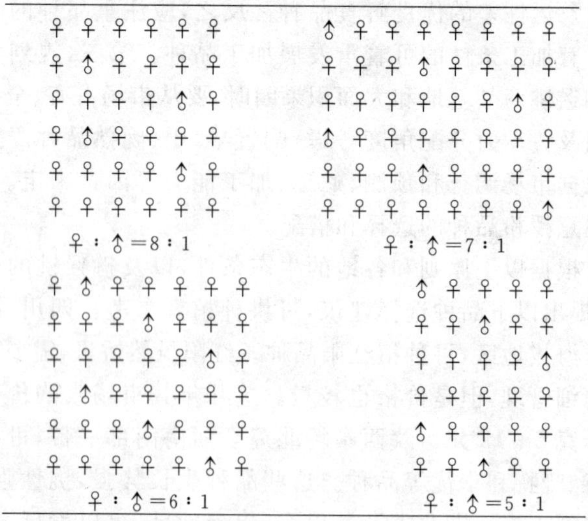

注:♀为雌株,♂为雄株

　　更为先进的是,目前推行的人工授粉技术,其将雄株集中栽培在一起,统一管理,能更好地控制花期,集中采粉,人工或机械授粉,可更加节约土地,节约财力。

　　在自然授粉情况下,如果园地周围的防风林带,或附近其他果园,存在花期相同的树种,会影响授粉的效果。其原因是猕猴桃属风媒花和虫媒花,在花期无风的年份主要靠昆虫(特别是蜂类)传粉。但其雌、雄花的蜜腺均不发达,对蜂类的吸引力比有蜜腺的树种要差得多。如果临近有花期相同的其他果园(如柑橘园)、观赏树种的防风林和花草等,则蜜蜂会被引开而影响猕猴桃的传粉。在此情况下,一般采取果园喷糖水的办法来补救。但是,最好还是在建园选址和设计防风林时尽量加以避免,同时可以适当的增加雄株的配置比例。

五、架式选择

猕猴桃属于藤本植物,必须有支撑物来维持其较好的生长结果状态。标准化栽培取缔了所有非正规的常用架式,仅保留了"T"形架和大棚架。其余弧形棚架、小棚架、篱架、简易三角架和活桩栽培等,经过实践检验,对猕猴桃园的正常生长结果,以及果品的标准化影响较大,所以不再提倡。

架材常用水泥混凝土、木材和钢材(角铁、钢管)等。可因地取材,因资金选材。其中钢材、水泥混凝土结实耐用,但投资高;木材投资低,但不经久,并且需要在用前进行防潮和防腐处理。架与架之间常用8~10号塑包钢丝或锌包钢丝架起大棚架面。其常用样式和尺寸如下:

(一)大 棚 架

大棚架的结构见图4-3。柱长2.6~2.8米,直径为12~15厘米,入土0.7~0.9米。土壤疏松的地方,入土埋置的深度要大一些;反之,则浅一些。横梁如果为木梁,则粗度为10厘米×5厘米;如果为角铁,则为4~5寸规格;如果为钢管,直径为3~4寸即可,长度依园地宽而定。横梁上每3~6米设一支柱,横梁间距5~6米。整体架高1.8~1.9米。架面宽度和架面长度随小区大小而定。架面以8~10号塑包钢丝或锌包钢丝为宜。其纵向分布,塑包钢丝或锌包钢丝间距60~90厘米。大棚架两端的固定必须十分牢靠,具体方法如图4-4所示。

所有平地和缓坡地猕猴桃园均要采取大棚架。因为它稳固性好,维持时间长,叶幕层布满架面后,夏天架下作业阴凉,杂草少,行株间穿行方便。但大棚架最主要的优点在于大棚架所生产的果实,一致性好,商品性强,无论投资有多大,建架

图 4-3 大棚架

图 4-4 常用的大棚架固定方式

难度有多大,只要有建设条件的,都要采取大棚架。

(二)"T"形架

"T"形架是在一根支柱的近顶端处,加一横梁,使其整体架形像英文字母"T",故而得名。在其基础上衍生出来的其他降式"T"形架、翼式"T"形架、锚式"T"形架、MTV"T"形架和双层"T"形架等,为简化整形修剪模式,可以不采用,以便使标准化栽培技术措施更加容易统一。

标准的"T"形架,支柱用水泥柱、大号角铁和圆木都可以。标准"T"形架的柱长约为 2.6 米,入土 0.6~0.7 米,圆木柱直径为 12~15 厘米,水泥柱直径为 14~15 厘米。行两端架柱,其长度和粗度均应大些,以利于整体坚固性。横梁多用 3 寸角铁、半圆木或方木,长 1.5~1.8 米;半圆木或方木宽 10 厘米,厚 5 厘米。横梁与支柱的连接不能设在支柱顶端,设在顶端会影响牢固性。横梁上的塑包钢丝或锌包钢丝,多用 10 号,一般设 5~7 根,支柱顶端 1 根,横梁的两侧各 2~3 根,架设要松紧适度。架间距为 4.5~6 米。"T"形架的形状如图 4-5 所示。但是,此图中的猕猴桃树整形不到位,在猕猴桃的整形修剪中,要避免这种现象的出现。

图 4-5 标准"T"形架

"T"形架为陡坡地等高线栽植方式必须选择的架式。因为同一水平面的宽度小,无法建立棚架。该架型建架容易,架材投资较少,作业方便,通风透光好,病虫害少,蜜蜂传粉容易。但是,它最致命的弱点为果实的大小、含糖量、可溶性固形物含量、着色和后熟的一致性较差,难以适应商品化的需要。

(三)小棚架

结构为两根柱支撑在 1 根横梁的两端,成"门"字形。柱长为 2.6~2.7 米,直径为 12~15 厘米。入地 0.7~0.9 米,地上部 1.8～1.9 米高。横梁长 3 米左右,粗度为 10 厘米×5 厘米。架间距为 5～6 米。横梁上的塑包钢丝或锌包钢丝的布置,以及行两端支架固定方式,参照大棚架。这个架型更多的用于雄株园。

(四)立架和架材固定

标准化猕猴桃园的行株距为 4～3 米×2 米,因而架材的行距也为 4～3 米,但架距可以根据地势和架材的坚固性有所伸缩,一般以 5～6 米为宜。架式选好、单个柱材和牵引丝备好后,即可开工建立架型。一般先打点,再埋立柱,立柱一定要立直,行要对端正,形成横、纵、左斜、右斜均成行才行。这个基础不好,横竖不对行,就无法搭建牵引丝。即使勉强牵引成功,也会因架面受力不匀而影响进入盛果期后的果园负载量。

行两端和园地四周支架的牵引加固装置,对整行,乃至整个果园架面的稳固性,起很大作用。常用的有两种固定方式:一是斜栽边柱、牵引加埋地锚;二是加斜支柱,牵引加埋地锚。斜柱一般长 4～4.5 米,斜牵丝可以用钢缆。

第三节　标准化定植与定植后管理

架式选择和架面基本建设完成后,即可定植苗木。

一、苗木定植

标准化猕猴桃园目前主要采用的行株距为 4～3 米×2 米。因为建架时已经定好行,定植时只需在行内,按照 2 米的株距打点、挖坑。坑深 30～40 厘米,直径为 30～40 厘米。坑挖好后,置入苗木根系,深度以品种接口部位露出地面 3～5

厘米为宜。最好稍修剪一下苗根再放入,新伤口有利于发新根。回填0.2～0.3米深时,即苗根埋土1/3～2/3时,稍往上轻提并抖擞苗干。向上提苗2～3次使根舒展,不要踩踏。然后继续填土至坑满,使土壤布满根部的所有空间。坑填满之后,浇一次"塌地水"。塌地水可以使根系和土壤密切接触,水下渗后再填土覆盖,防止土壤过快失水和干裂。最终填土至高出地面0.1米左右,以防虚土塌实时形成坑。定植时期,在秋季落叶后到翌年春季发芽前1个月均可,但以秋季落叶后到上冻前这一段时期为最好。这时定植,有利于根系的早期发育。目前,由于营养钵育苗技术的推广,苗木定植的时期已经遍布整个生长期和休眠期。定植及定植后管理见图4-6。

图4-6 定植及定植后管理

二、定植后的管理

苗木定植后即定干。定干时,将低干苗从嫁接口以上30～40厘米处剪断,将高干苗从距离架面牵引丝下10厘米处剪断。定干后,一定要立竹竿,将苗干绑缚其上,使它直立向上,不打扭生长,不影响树体以后的生长势。栽后管理工作主要为浇水、排水、遮荫、施肥和锄草,偶尔有必要防治一下病虫害。其中前三者至关重要,关系到建园的成败。灌水和排水,保持土壤相对湿度在 70％～80％,即保持土壤的湿润状态。遮荫是猕猴桃幼苗、幼树必须进行的一项工作,可防止幼叶被晒伤,缩短缓苗期,促进树体提早抽梢,早日成形。幼苗和栽后当年的幼树,早期要求遮荫度为 70％～75％,后期降到 50％。采用蓝绿及黑色尼龙遮荫网套住幼树,既遮荫,又可防止动物危害。不具备搭设遮阳网条件的,可在幼树东、南、西三个方向上种几株高秆作物,如玉米、高粱或向日葵等,也可在架面上挂些草,以达到降低风害和遮荫的目的。对定植后苗木的施肥,见土肥水管理一章。对定植后苗木的锄草,以不发生草荒为度,但不要喷除草剂。可以采用果园生草、覆盖与间作方式,进行管理。

第五章　土肥水标准化管理

第一节　土壤标准化管理

猕猴桃果园对土壤要求比较严格,最适宜的土壤为黑色草甸土,因而一般栽培区均需要进行深翻改土。

一、深翻改土

标准化的深翻改土,在前面第四章第二节中已经介绍过了。在此仅对定植前逐年进行抽槽式整地改土的模式,作进一步的阐述。

定植后第二年春季以前,最好是定植当年深秋或初冬,进行第一次扩槽。以4米行距为例,其进行方法如下:

1. 放　线　从定植前所开槽的边沿,在两边各1.3米处,放一道线。其实不用放线,因为此线正好是排水沟的边沿。

2. 抽　槽　从所放线向树行中心方向,各扩1米,正好接上定植槽的边沿。将上面30~40厘米厚的熟土,放在树行所在的1米上,各行成一个槽。

3. 施　肥　在槽内按照每667平方米施各类草秸与农家肥4 000~5 000千克,过磷酸钙300~500千克,对酸性土加施钙镁磷500千克。将肥料撒匀,翻挖搅拌均匀,深度为40~50厘米,总松土层深度要求达到80厘米。

4. 回　填　将抽槽挖起的熟土,全部回填到槽内。

5. 整理排水沟 排水沟经过一年或接近一年的塌陷和冲刷,有所变形,按排水沟宽 40 厘米,高端沟深 50 厘米,低端深 70 厘米的规格,将理沟时取出的表层熟土放在定植高畦上,生土放在宽畦边,最后还将宽畦整成瓦背形,中央高出两边 15 厘米左右,两边又高出地面 15 厘米左右。

也可以将两边各 1.3 米分两年完成,第二年春季以前完成 60～70 厘米宽,第二年年底或第三年年初前完成 70～60 厘米宽。要获得同样的生产效益,最经济的整地改土还是一次性机械全园改土。

二、中耕除草

清耕,有减少土壤养分消耗,改善土壤通气透水性,对根系呼吸有利等好处,但是也存在加速土壤矿化,增加土壤及水分流失,不利于水土保持、土壤肥力保持和环境美化等缺点。因此,标准化猕猴桃园的地面管理,定为生草、覆盖与间作。

中耕除草目前在标准化猕猴桃园内,已经很少应用。但是,在间作的情况下,有必要对间作物进行中耕除草。这要根据间作物的茬口,杂草种类、生长情况来具体确定,以保证不影响猕猴桃的正常生长、开花、结果为度。

三、生草栽培

生草,即是在果园地表种草。其对于提高土壤有机质含量和土壤肥力,保护环境,减少风沙,减少水土流失,净化水质,改善果园温度、湿度、光辐射强度和质量等微环境条件,都有好处,同时还节约劳动力。生草加上割草覆盖树盘和树畦,效果更好。覆草既有利于土壤通气,又具有保水增肥的效果,是目前果园地表管理最有效的措施。果园生草以选择浅根系、低干的禾本科、豆科植物或绿肥为最好。如三叶草、毛叶苕子、扁豆和禾本科燕麦草等,也可混播。但不要深根性的木槿。在每年草生长季节,需要增施化肥,防止草与树体争肥。夏季,当草长至 20～30 厘米高时,要及时刈割,并拔除行间的高秆草类。种植任何草种,都要保持树体的根颈部周围为清耕,即留有小树盘,以利于树体根颈部的透气性,防止根颈部微生物环境的复杂化(图 5-1)。

图 5-1　生草栽培

四、园地覆盖

果园覆盖主要提倡的是用草覆盖。除了用草覆盖以外,较干旱的地方,还可以覆盖地膜。

(一)果园覆草

1. 覆草的作用　果园覆草能将地表的水、肥、气、热、生态环境等不稳定状态,变成相对稳定状态,对地表局部和果园微气候环境有较大的改善作用。能最大限度地减少水土流失,减少地面水分蒸发,保持土壤和果园湿度的相对稳定;提高冬季地温,降低夏季地温;并有利于土壤微生物活动,抑制杂草生长。所覆草腐烂分解以后,能提高土壤有机质含量,增加土壤养分,有利于土壤的熟化,团粒结构的形成,以及疏松度和透气性的提高,保护根系分布层,增加根系的固地性。在底部为黏重土和土层较浅的果园,效果更为明显(图5-2)。

图5-2 园地覆草

2. 覆草的方法 一般在4～5月份,利用割草机将草割下并切成5～10厘米长的小段,均匀撒到树冠下;用粉碎机粉碎后覆于树冠下,效果最好。在猕猴桃根茎部要留出20厘米的空白区,预防根颈部病害的发生。覆草厚度为15～20厘米。草腐烂后要及时补充,或在草腐烂后把它翻入土中,再覆以新草。如果果园生草量不足,可以覆盖农田秸秆类。覆盖秸秆,可以直接覆盖,也可以铡成段后再覆盖。覆草厚度以

15～20厘米为宜。覆草后,其上要撒压、少量稀疏的细土,以防止风将草吹飞。

覆草也有禁忌。覆草果园要注意加强防治地下鼠害。冬季要注意防火,雨季要及时开路,排水。低洼地雨季不要覆草,以防止引起涝害。覆草和生草栽培一样,要注意防治病虫害,以免草层变成滋病养虫的场所。

(二)覆盖地膜

1. 覆膜的作用　覆盖地膜能有效地改善土壤的水、肥、气、热状况。覆盖地膜后,由于减少了土壤水分的蒸发,能够起到蓄水保墒的作用,可减少灌水次数,使土壤能够较长时间地保持疏松状态,改善土壤的耕性,减少土壤侵蚀和土壤养分淋失,防止土壤板结,促进养分分解和土壤有机质矿化。覆盖深色膜还能抑制杂草生长。特别是在秋、冬、春三季,覆膜可起到一定的保水、增加土壤温度、湿度和改变地面光照的效果。通常可提高地温,减少地表昼夜温差,有利于根系提早恢复活动。

实践证明,新定植果园进行覆膜,可以明显提高成活率。结果期覆盖地膜,可以提高光合效率,促进花芽形成,增加内膛光照,提高果实品质。

2. 地膜的选择　覆膜时,要根据不同的目的,选用不同类型的地膜。无色透明膜能较好地保持土壤水分,透光率高,增温效果良好。黑色地膜较厚,对阳光的透射率在10%以下,反射率为5.5%,因而可饿死地膜下杂草。其增温效果不如透明膜,但保温效果好,适合于高海拔、高纬度和草多的地区使用。银色反光膜具有隔热和较强的反光作用,其反光率达81.5%～91.5%,几乎不透光,可以在夏季使用,可收到降低一定地温和驱蚜、抑草的效果,并能增加树冠内部光照强度,使果实着色好,提高果实品质。光降解膜是在膜料中加入光降解剂,当日照时数积累到一定数值时,地膜自然降解成小碎片或粉末状,不需回收旧膜。其增温、保墒效果与透明膜接近。银灰色与黑色复合膜在冬季可提高地温 2 ℃~4 ℃,春、秋季可降低地温 2.3 ℃~3.5 ℃,还有良好的抑草、驱避有翅蚜和蓟马的作用。此外,还有切口膜、防蚜膜、黑白双面膜、除草膜和绿色膜等,可根据需要结合膜的特点进行选择。

3. 覆膜的方法 覆盖地膜一般从秋季开始,最晚不能超过土壤上冻时,到翌年 4～5 月份初揭膜为止。经济条件好的,可以全园覆膜,仅留根茎部周围 30 平方厘米左右。做不到全园覆盖的,可以只覆盖树体所在的营养生长带,甚至只覆盖树盘,留下土地面积间作。覆膜前要先灌水,中耕松土,整好地,然后再覆膜。

覆膜结合滴灌效果很好。其方法为:顺行做高垄,沿树行拉好滴灌管或滴灌胶带,而后覆盖地膜。覆膜时先将地膜的一边用土压好,再将对应树干的另一边膜横向剪开约 1/2,通过树干,将膜拉平展后,用土压住开口和地膜边。地膜边缘埋入土中的宽度不能少于 5 厘米。

4. 注意事项 进行地膜覆盖时,应注意以下几点:①所覆盖的地面,要将土整碎整平,并中耕松土。特别是在黏土地,浇水后需待地面水渗,并经中耕松土后,才能覆盖地膜。否则,会因土壤含水量大,盖膜后水分不易散失,使土壤透气性差,引起根系腐烂。②为了保证根系的正常呼吸和地膜下二氧化碳气体的排放,地膜覆盖带不能过宽。一般幼树仅盖60～80 厘米宽,大树的最大覆盖面积为 70%。③降雨后,注意开口排水。④4 月底至 5 月初,要撤膜或膜上覆土或覆草,防止地面高温。

五、合理间作

(一)间作的作用

猕猴桃园间作,能对土壤起到覆盖作用。夏季高温季节,可以降低田间地表温度,减少杂草危害,防止土壤冲刷,增加土壤腐殖质含量,提高土壤肥力,经济利用土地。还可以增加前期经济收入,达到以短养长的目的。猕猴桃园的间作比其他种类果园的间作时间都长。由于树的枝蔓和叶幕层均在架面上,因而地面一直都可以用来种植间作物。一般在定植后第一至第三年,可在行间间作喜光性间作物,第四年树冠已基本覆满全园,只宜再间作耐阴性间作物。

猕猴桃园间作物应具备的特点为:植株较矮小,不影响猕猴桃树的光照;生长期短,根系较浅、短,吸收水分、养分少,大量需肥水时间要与果树的相错开;不影响猕猴桃根系的生长;病虫害较少,与果树没有相同的病虫害或不引起果树的主要病、虫害,即不为中间寄主。间作物能够制造较高的营养物质,提高土壤肥力。

(二)间作物的选择

具有固氮作用的矮秆浅根豆科作物,为首选间作物。其他常见的猕猴桃园间作物种类,早期有矮秆蔬菜,如西瓜、甜瓜、菠菜与萝卜等叶菜、根菜类蔬菜。叶幕层达到全园覆盖后,可间作蘑菇,如草菇、平菇和金针菇等;矮秆豆科植物,如花生、大豆、绿豆和豇豆等;药材如地黄、红花、党参、白芍、甘草、沙参与丹参,以及牧草,如毛叶苕子、多变小冠花、三叶草和绿豆等。注意使间作物的花期与猕猴桃的花期相错开。如果相遇,可提前刈割覆盖树盘。猕猴桃园第一年的间作状况如图 5-3 所示。

图 5-3　猕猴桃园间作

（三）间作的方法

　　早期间作只能在行间进行，并与植株行保持一定的距离。即要给猕猴桃植株的生长留出适宜的营养面积和空间，称为营养带。营养带的宽窄，依树龄和树冠的大小而定。刚定植的幼树，留 1 米左右宽的营养带；2～3 年生树，营养带以树冠垂直投影的外缘以外 20～30 厘米为界，给树体根系的生长留下一定余地。此间，对种植的爬秧作物，如毛叶苕子、西瓜等，要经常整理其茎蔓，防止茎蔓爬上猕猴桃树。随着树冠的扩大，待树体达到全园覆盖时，其根系也基本上布满全园。这时树冠下种植的间作物，一般长不起来，只能构成绿色草坪。可养蘑菇。

　　间作物也需要轮作，以免造成营养失调，给果树生长带来不良影响。还应做到豆类、瓜菜类和绿肥作物轮作倒茬，逐年轮换。要加强对间作物的管理。在果树需肥水高峰期，要及时追肥和浇水，以减少间作物与果树对肥水的竞争。

　　果园间作还可以与养殖业相结合，常见的有养鸡、养鸭、养鹅等。以形成生态栽培、立体栽培等模式。猕猴桃园生草兼养殖业见图 5-4。

图 5-4　猕猴桃园生草兼养禽

第二节　标准化施肥

一、标准化施肥的实质及营养诊断

猕猴桃树每年要依靠根系从土壤中吸取矿物质养分,满足生长发育的需要。土壤矿物质营养是基础,矿物质营养充足了,植株才生长旺盛,结出丰硕优质的果实。所以,必须合理地不断地进行施肥。猕猴桃园的标准化施肥,是建立在最佳猕猴桃生长结果园的土壤和树体全营养分析基础上的施肥。最科学、最准确、最有效的施肥量标准,是结合最佳生长结果状态果园土壤和树体的全营养分析,与所要施肥园区土壤、树体实际分析值的补差施肥量。但是,目前我国还没有服务于猕猴桃果园经营者和果农,专门从事施肥补差方案设计的实验室。现介绍新西兰、智利、意大利和我国的最佳生态猕猴桃园的土壤分析和树体叶片营养分析资料(表 5-1 和表 5-2),供自测果园营养、制定施肥方案时参考。

表 5-1　土壤营养检测值

营养成分 （克/千克）	国外土壤	盛果期单株参 考施肥量（克）	每公顷参 考施肥量（千克）
pH 值	5.5～6.5	5.8～6.5	—
总　　氮	3～6	196.2	78
磷	1.29	24.49	98
五氧化二磷	1.2	—	99
速效钾	0.6～1.2	—	—
钾	—	253.1	98
钙	6～12	100.1	41
氧化钙	8.6	—	—
氧化镁	7.5	—	—
镁	10～30	25.45	10.4
三氧化二铁	41.9	—	—
土壤有效铁	11.9	—	—
钠	0～4	—	—
基本饱和度	60～85	—	—
有机质(%)	70～170	—	—

表 5-2　法国、新西兰和我国猕猴桃叶片矿质元素
含量分析及认定的最佳含量范围

国　　家		中　国	法　国	新西兰	
元　　素		最佳含量范围			
		7月份	7月份	1月份*	展叶后4周
大量元素	氮(N,%)	2.00～2.80	3.12	2.20～2.80	3.50～3.90
	磷(P,%)	0.18～0.22	0.20	1.80～2.50	0.60～0.70
	钾(K,%)	2.00～2.80	2.76	1.80～2.50	2.65～2.75
	钙(Ca,%)	3.00～3.50	2.30	3.00～3.50	1.35～1.45
	镁(Mg,%)	0.38	0.70	0.30～0.40	0.30～0.35
	硫(S,%)	0.25～0.45	—	0.25～0.45	0.50～0.55
	钠(Na,%)	<0.05	—	0.01～0.05	—
	氯(Cl,%)	0.80～1.00	—	1.00～3.00	—

国 家	中 国	法 国	新西兰	
元 素	最佳含量范围			
	7月份	7月份	1月份*	展叶后4周
微量元素 锰(Mn,毫克/千克)	50～150	40	50～100	85～95
铁(Fe,毫克/千克)	80～200	169	80～200	115～150
锌(Zn,毫克/千克)	15～28	29	15～20	55～70
铜(Cu,毫克/千克)	10	20	10～15	20～30
硼(B,毫克/千克)	50	71	40～50	18～30
钼(Mo,毫克/千克)	0.04～0.20	—	—	—

*新西兰的1月份,相当于我国的7月份

除了分析检测以外,利用实地观察树体表现性状,即缺素症或中毒症,来确定是否需要在常规施肥后,补施单素肥料。缺素症或中毒症也称为生理病害。

必须注意的是,猕猴桃对铁的需求量高,要求土壤有效铁的临界值为 11.9 毫克/千克。铁在土壤 pH 值高于 7.5 的情况下,有效值很低,故偏碱性土壤栽培猕猴桃,更要注重施铁肥。

二、肥料的选择

标准化施肥用的肥料,首选为有机肥料,其次为速效性化学肥料,再次为微量元素肥料,三者配合即可以达到全面的营养供给。

(一)有机肥料

1. 粪尿类 人及畜禽的粪尿,一直是普遍使用的有机肥料,其来源较广,数量较大,肥效很不错,是一种比较容易收集的优质肥料。

粪、尿肥的主要成分,为氮、磷、钾,还含有钙、硫及微量元素,以及多种氨基酸、纤维素、糖类(碳水化合物)与酶等成分。粪、尿来源不同,其养分含量也不同,肥效也有较大的差异。猪粪质地较细,纤维素较少,碳氮比(C/N)较低,含水量较多,纤维素分解菌较少,分解比较慢,分解时产生的热量较少,形成的腐殖质较多,有利于培肥土壤(表5-3)。牛粪的质地也较细密,含水量较高,C/N 约为 21:1,分解比猪粪慢,分解时产生的热量更少。马粪纤维含量高,质地粗,疏松多孔,含水少,并含有较多的高温纤维素分解细菌,C/N 约为 13:1,马粪比牛粪分解要快,短期内发热量大,不能施用生粪;否则会产热烧苗。羊粪的性质与马粪相似,粪干燥而致密,C/N 为12:1,施用生粪也会引起烧苗现象的发生。

表 5-3　人和家畜、家禽新鲜粪尿中的养分含量　(克/千克)

种类	项目	水分	有机物质	N	P_2O_5	K_2O
猪	粪	820	150	5.6	4.0	4.4
	尿	890	25	1.2	1.2	9.5
牛	粪	830	145	3.2	2.5	1.5
	尿	940	30	5.0	0.3	6.5
马	粪	760	200	5.5	3.0	2.4
	尿	900	65	12.0	0.1	15.0
羊	粪	650	280	6.5	5.0	2.5
	尿	870	72	14.0	0.3	21.0
人	粪	750	221	15.0	11.0	5.0
	尿	970	20	6.0	1.0	2.0
鸡	粪	510	255	16.3	15.4	8.5
鸭	粪	570	262	11.0	14.0	6.2

2. 饼肥类　豆科和其他油料作物的种子经榨取油脂后剩下的残渣,含有丰富的植物所需要的营养成分,用作肥料时,称为饼肥。饼肥种类很多,主要有豆饼、菜籽饼、花生饼、棉籽饼、芝麻饼、桐籽饼、葵花籽饼、蓖麻籽饼、柏籽饼和茶籽饼等,其氮、磷、钾含量如表 5-4 所示。

表 5-4　各种油饼的氮、磷、钾养分含量　(克/千克)

饼肥种类	氮(N)	磷(P_2O_5)	钾(K_2O)
大豆饼	70.0	13.2	21.3
芝麻饼	58.0	30.0	13.0
花生饼	63.2	11.7	13.4
棉籽饼	31.4	16.3	9.7
菜籽饼	45.0	24.8	14.0
葵花籽饼	54.0	27.0	—
蓖麻籽饼	50.0	20.0	19.0
柏籽饼	51.6	18.9	11.9
茶籽饼	11.1	3.7	12.3
桐籽饼	36.0	13.0	13.0

　　饼肥的有机物质的含量一般为 $250\sim800$ 克/千克,氮(N)含量为 $20\sim70$ 克/千克,磷(P_2O_5)含量为 $10\sim20$ 克/千克,钾(K_2O)含量为 $10\sim20$ 克/千克,还含有一些微量元素。饼肥中的氮主要以蛋白态存在,磷主要以植酸及其衍生物和卵磷脂存在,钾大部分是水溶性的,用热水浸提可以溶出油饼中 95% 以上的钾。饼肥的 C/N 较小,一般比较容易分解。但因常含一定量的油脂,致密呈块状,故影响分解速度。所以要把饼肥粉碎,经过发酵腐熟,促使其营养物质分解后,再施用。作基肥和追肥均可,但以作基肥为主。

3. 草秸类 杂草、人工种植草和农作物秸秆,目前是有机肥料最重要的原材料来源,因为它的数量巨大。一般说来,粮食作物的产量与秸秆量有1∶1的关系。目前,大部分秸秆用作燃料或作为废物被烧毁,只有极少部分直接还田,或喂牲畜后过腹还田。

秸秆的主要成分是纤维素、半纤维素和木质素(表5-5)。在不同作物的秸秆中,氮、磷、钾等养分含量差异很大(表5-6),一般都含有较多的碳,C/N值高。纤维素和木质素含量越高,C/N值越高,分解的速度越慢;如果秸秆的C/N值超过25~30,在其分解过程中,微生物就会吸收利用土壤中的氮素,出现与猕猴桃树体竞争养分的现象。

表5-5 几种作物秸秆的有机成分含量 (克/千克)

秸秆种类	灰分	纤维素	脂肪	蛋白质	木质素
水稻草	178	350	8.2	32.8	79.5
冬小麦秸	43	343	6.7	30.0	212.0
燕麦秸	48	354	20.2	47.0	204.0
玉米秸	62	306	7.7	35.0	148.0
玉米芯	18	377	13.7	21.1	147.0
豆科干草	61	285	20.0	93.1	283.0

表5-6 主要农作物秸秆中一些营养成分的含量 (克/千克)

作物秸秆	氮(N)	磷(P_2O_5)	钾(K_2O)	钙(Ca)	硫(S)
小麦秸	5.0~6.7	2.0~3.4	5.3~6.0	1.6~3.3	12.3
水稻草	6.3	1.1	8.5	1.6~4.4	11.2~18.9
玉米秸	4.3~5.0	3.8~4.0	16.7	3.9~8.0	2.03
大豆秸	13.0	3.0	5.0	7.9~15.0	2.27
油菜秆	5.6	2.5	11.3	—	3.48

4. 草炭和腐殖酸　草炭又名泥炭、泥煤或草煤。它是在长期积水和低温条件下,植物残体经过不完全发酵,逐渐形成的一层煤黑色有机物质。到目前为止,泥炭被认为是世界上最安全、最有效、营养最丰富、最具有缓释性和各种性能最全最好的有机肥料。在泥炭形成的地域,往往是荒无人烟的寒温带和寒带湿地,其原生态自然环境,未受到任何污染。单纯地使用泥炭作有机肥,才符合真正意义上的有机栽培对肥料的要求。

有机质和腐殖酸的含量,是泥炭质量的重要指标。其有机质含量一般为 400～700 克/千克,高的可达 800～900 克/千克,低的也有 300 克/千克。腐殖酸的含量一般为 200～400 克/千克,最高达 500 克/千克,低的也在 100 克/千克。C/N 值一般为 20 左右,低品位泥炭略高,中高品位泥炭略低。泥炭一般都具有较强的吸水和吸氨能力,干泥炭能吸附为其自身重量 3～6 倍的水分,吸氨量达 5～40 克/千克。

原生态的泥炭,可直接用于猕猴桃园地作肥料及土壤改良材料。目前采用含腐殖酸的泥炭作为重要原料,其提取物——腐殖酸类肥料,加入适量的氮、磷、钾等营养元素,研制开发的腐殖酸类肥料非常多。既有固体的叶面肥料,也有液体的叶面肥料。常见的有腐殖酸铵、腐殖酸磷和腐殖酸钠等,在提高叶色浓绿程度,增加叶片厚度,提高叶片抗病害能力等方面,有一定的效果。据报道,腐殖酸类肥料不仅可以为猕猴桃植株提供氮、磷、钾及微量元素,而且对猕猴桃的生理生化起促进作用,如促进光合作用,刺激生长,提高抗旱、抗寒作用。

5. 绿　　肥　凡是直接翻压或割下堆沤作为肥料使用的鲜活植物,都叫做绿肥。一般为豆科作物,主要有紫云英、苕子、苜蓿、草木樨、田菁和绿豆等。绿肥对于猕猴桃植株和土壤来讲,其作用主要表现在培肥土壤,提供氮、磷、钾等养分。由于绿肥作物抗寒、抗旱和耐瘠薄的能力很强,常作为改良土壤的首选作物。绿肥作物一般都具有很强的吸收养分的能力,尤其吸收和利用磷的能力很强,能够利用矿物态磷酸盐。其根系死亡又再生,再生又死亡,反反复复,从而增加根际表层土壤的有机质养分含量。绿肥作物为豆科植物,能固定空气中的氮气,可以提高土壤的肥力。如紫花苜蓿固氮量为 3.5～10 千克/667平方米。绿肥分解后可形成大量的腐殖质,有利于土壤团粒结构的形成,使土壤的物理性状得到改善,保水、保肥能力提高。由于绿肥作物茎叶茂盛,根系庞大,能很好地覆盖地面,缓和雨水对地表的侵蚀和冲刷,减少地面径流,避免水土流失,特别是山地栽培猕猴桃的果园,更需间作绿肥。

种植绿肥作物时,一定要注意绿肥作物的种类及其栽培技术。绿肥作物的种类很多,有一年生的,有两年或多年生的。作为猕猴桃园适生的绿肥作物,应是用作肥料的旱地栽培品种,如紫云英、毛叶苕子、箭筈豌豆、草木樨和苜蓿等。绿肥作物栽培技术简单,主要为选择适宜品种,注意适宜的播种期和播种量,提高播种质量,力争苗早、苗齐和苗壮,以及苗出齐后加强管理。

绿肥作物的翻压、再生和轮作,都要适时科学地进行。绿肥的 C/N 值较小,翻压后分解的速度较快,但是翻压时期不仅影响分解速度,也影响肥效和绿肥的再生。一般都在花期翻压,翻压深度为 10～20 厘米。翻压时,应注意尽可能不伤及猕猴桃植株的根,特别是筷子粗的细根。由于绿肥在分解时,会产生一些有毒的物质,因此必须根据绿肥的分解速度,确定翻压时间。如对多年生的绿肥作物,进行最后一次收割,必须让绿肥有足够的时间生长,保证能够越冬。收割后应加强灌溉和施肥。如果一种绿肥作物种植时间过长,就要注意更换种类,加强轮作。这样,对于保持地力,防止某种绿肥的偏爱性病虫害,维持生态环境的平衡,非常有益。

6. 微生物肥料 微生物肥料,也称菌剂或菌肥。是由有益微生物和有机载体等组成。目前,所推广使用的有益微生物,有无毒系根瘤固氮菌、联合或自生固氮菌、磷细菌、钾细菌和共生性放线菌等。主要作用是,固定空气中的氮,活化土壤中磷、钾等养分,促进猕猴桃根系的生长和对土壤养分和水分的吸收,从而促进植株的生长发育,并提高其抗逆性。

(二)无机肥料

1. 无机肥的特点 无机肥料,也称化学肥料或矿质肥料。其特点是:

(1)养分含量高,成分单纯 化学肥料养分含量高,如硫酸铵含氮量为 21%,尿素含氮量为 46%。而有机肥料如人粪尿的含氮量则只有 0.6%~0.8%,厩肥含氮量只有 0.5%,饼肥含氮量为 2%~7%。500 克尿素相当于 30 000~35 000 克人粪尿及 50 000 克厩肥中的含氮量。故化肥施用量少,肥效显著。同时也便于运输、贮存和施用。

(2)肥效快,增产效果显著 化学肥料多为水溶性或弱酸性肥料,施入土壤中容易溶解,能迅速被猕猴桃根系吸收,肥效快,能明显地提高产量。如尿素施入土壤 5~7 天后就可见效。如果作叶面肥施用,则见效更快。

化学肥料也有它的缺点,如养分含量单纯,施用不当会造成猕猴桃植株营养比例失调,出现缺素症状。化学肥料是水溶性肥料,施入土壤容易造成流失,后效也短。连年大量施用化学肥料,会使土壤物理性质变坏。为了克服化学肥料的缺点,就要将化学肥料与有机肥料配合施用,做到配方施肥,科学施肥。

2. 化学肥料的种类 化学肥料的种类很多,根据其所含主要成分的不同,可分为以下几类:

(1)氮素化学肥料 主要有碳酸氢铵、硫酸铵、氯化铵、硝酸铵和尿素等。

(2)磷素化学肥料 主要有过磷酸钙、钙镁磷肥和磷矿粉肥等。

(3)钾素化学肥料 主要有硫酸钾、氯化钾、窑灰钾肥和草木灰等。

(4)复合肥料 是指肥料中同时含有氮、磷、钾三要素中的两种或三种成分的肥料。主要有磷酸铵、磷酸二氢钾、硝酸钾、硝磷钾肥和铵磷钾肥等。

(5)微量元素肥料 主要有硼砂、硼酸、硫酸锰、钼酸铵、硫酸锌、硫酸铜、硫酸亚铁与腐殖酸类的叶面肥和全营养叶面肥等。

三、施肥量的确定

由于猕猴桃园的树龄不同,密度不同,土壤肥力也有差异,故施肥量也不一样。但是,若没有确定猕猴桃施肥量作依据,就必然会出现有的果园施肥量过大,有的果园施肥量过少。可见,确定具体的施肥量作依据是非常必要的。

猕猴桃的理论施肥量可用下列公式计算:

理论施肥量=猕猴桃植株的需肥量/肥料利用率

猕猴桃植株的需肥量,是指在一个年周期内,植株新生器官所含营养元素的总和。目前,我国猕猴桃的施肥量还没有成熟经验,在国外已有这方面成熟的经验,如:新西兰人弗来兹(Fletcher,1971)主张成年树每公顷施肥量如下:氮 150～200 千克,磷 40～60 千克,钾 80～100 千克。法国拉鲁(Larue,1975)认为,单株施肥量如下:第一年,氮 60 克作两次施。第二年到第七年,氮(N)80 克作三次施用,并施磷(P_2O_5)30克,钾(K_2O)50 克。七年以上的猕猴桃单株,施氮(N)500克,磷(P_2O_5)150 克,钾(K_2O)260 克和镁(MgO)75 克。新西兰猕猴桃果园每公顷的标准施肥量是:氮(N),168~224 千克;磷(P_2O_5),45~56 千克;钾(K_2O),78~90 千克。日本安艺津试验结果是,每公顷施氮(N) 200 千克,施磷(P_2O_5)160千克,施钾(K_2O)200 千克。经数年观察,三要素施用量在如下比例时:氮(N):磷(P):钾(K)=10:8:10 或 10:6:8,还没有看出任何异常情况。在河南西峡猕猴桃园的施肥比例,基本上与上述比例相同。

在上述公式中,土壤天然供给量是指土壤所能供给猕猴桃植株的肥量,可用测土分析及肥力试验得到此数据。关于肥料利用率,是指不同的肥料减去随水流失、挥发或被土壤固定的数值与施肥总量的比值。习惯上一般都把氮的利用率估算为 50%,磷为 30%,钾为 40%。

也可以根据经验确定施肥量。各地猕猴桃果农在生产实践中,积累了比较成熟的经验。如河南西峡幼龄猕猴桃园的施肥比例为氮(N):磷(P):钾(K)=2:1:1;成龄猕猴桃园则为 2:1:2 或 1:0.8:1。

正确施肥量的标志,是施肥后树体生长健壮。各猕猴桃园的具体情况不一样。从生产角度讲,树壮、叶茂和枝条充实,就是施肥量合理的标志。要求叶片、枝蔓既没有缺素症状出现,也没有中毒症状出现,叶片功能期长,春梢、夏梢和秋梢比例合理,空间枝蔓分布合理等。

饼肥的施用量一般为每 667 平方米 75~150 千克。沟施或穴施均可。

四、施肥时期

(一)施基肥时期

基肥一般都施用农家肥,施入时期以采果后到落叶前为最好,最迟不要拖过春节。因为春节前后开始立春,猕猴桃很快进入伤流期,施肥时如稍不注意就会引起根部的伤流,伤流所造成的营养损失,甚至是当次施肥所弥补不了的。

(二)追肥时期

当猕猴桃植株急需肥料时,就必须及时追肥,以保证猕猴桃植株的正常生长和发育。猕猴桃需肥基本上可分为三个时期:一是新器官建造大量需肥期。从萌芽到新梢旺长期为大量需肥期,此期营养的来源主要是贮藏营养,另一方面取决于新根生长情况和吸肥条件,此期 C/N 的状况影响树体生长。为保证猕猴桃植株生长稳定,应注意追施化肥特别是氮素的供应。二是从旺长高峰过后,到果实采收的需肥稳定期。此期叶片与根系的营养物质含量,处于稍低水平而相对稳定,应少量稳定追施肥料,以保证成熟叶中氮的不断更新,这对提高光合作用有重要作用。三是果实采收后。养分开始回流,根系再次生长的吸收各种营养物质的贮备时期。适时追肥,就能增加贮备,对秋、冬季分化优质芽体,并使芽体组织充实和安全越冬,均起重要作用。

1. 幼龄园追肥　追肥的数量及次数,应根据树龄确定。对幼龄园的追肥,应考虑到多长枝蔓,早结果的需要,故应在芽萌动前追肥,以达到多芽、多抽枝梢并促进新梢旺盛生长为目的。这次追肥称为萌动肥,也叫促梢肥。到 5 月中下旬,再追一次速效化肥,争取多抽新梢,并促进混合芽的形成。在幼龄猕猴桃生长期一般追肥两次,就可以达到促根、扩蔓和壮苗的目的。

2. 成龄园追肥　对猕猴桃成龄园,追肥的目的是在保证高产、稳产、优质的基础上,调节生长与结果的关系。对结果猕猴桃植株,一年可进行 2～4 次追肥。

(1)**花前追肥**　猕猴桃植株萌动和开花要消耗大量的营养物质,为使树体开花一致。提高坐果率,应追施速效肥料,尤其在花多、树体偏弱时,更应注意这次追肥。由于此时花为营养的分配中心,故此期施肥能提高坐果率。但若树旺、地肥、基肥足、花芽少或冬剪过重时,也可不进行本次追肥。

(2)**花后追肥**　在落花后坐果期追肥,可以促进果实的发育和新梢的生长,扩大叶面积,提高光合效能。如花前已追足量的速效化肥,花后可不再追肥。

(3)**果实膨大和花芽分化期追肥**　此时新梢已停止生长,花芽开始分化,果实迅速膨大。此次追肥,可以促进光合作用和果实膨大。

(4)**果实生长后期追肥**　此时追肥可以提高光合效能,对于果实增重和促进树体营养累积有重要作用。

综上所述,因各地猕猴桃的具体情况不同,生长期可追肥 2～4 次;在果实发育过程中,还可以酌情进行 2～4 次叶面喷肥。

五、施肥方法

(一)基肥的施用方法

基肥,是在较长时间内可以供给猕猴桃多种营养元素的基础肥料。基肥多以堆肥、厩肥、人粪尿以及绿肥等有机肥为主。对猕猴桃植株施基肥的时间,应根据猕猴桃成熟采摘时间来确定。一般早、中熟品种可在 9～10 月间,晚熟品种应在

10月份施入。元旦前地温尚高，施肥后断根容易愈合。但是，也应避免伤根。基肥中的有机质分解时间长，来春能充分供应根系吸收利用。施后土壤疏松，地温提高，可以增加保墒能力和减少冻害。同时，秋季施基肥，可以提高光合能力，促进树体有机营养积累。因为猕猴桃植株早春萌芽、抽枝和开花，主要依靠树体内的贮藏营养，因此，秋季早施基肥比晚施和春施有利。

给猕猴桃植株施用有机基肥，可选用环状施肥法或放射状施肥法。环状施肥，是在树冠外围垂直的地面上，挖一环状施肥沟，深宽均为20～40厘米，然后将基肥施入其中，施肥后覆土。来年再施肥时，可在上年施肥沟外侧再挖沟施肥，以逐年扩大施肥范围。放射状施肥，是在距猕猴桃树一定距离处，以树干为中心，向外围挖4～8条放射状直沟，沟的深宽均为20～40厘米。沟挖好后，将基肥施入其中，施肥后盖土。采用上述两种施肥法，均应将基肥与土掺匀，避免形成"粪层"，出现"烧根"现象。施后可视土壤墒情浇足水。

(二)追肥的施用方法

追肥的施用方法，一般有两种，即土壤施肥和叶面施肥。

1. 土壤施肥　土壤施肥，必须施在猕猴桃植株的根系分布层内，以便吸收利用。猕猴桃的根系属浅根性根系，故应浅施。各营养元素在土壤中的移动性不同，如氮肥和钾肥移动性大，即使施得较浅，也可移到根层；而过磷酸钙和骨粉等磷肥，在土壤中移动性差，施用时最好将其与厩肥等有机肥混合施用。追肥的施用方法，一般有环状沟施肥法、放射状沟施肥法、条沟施肥法和全园撒施法。猕猴桃园具体选用那种方法好，可视树龄而定。幼龄园可选用环状沟施法或树冠撒施法。成龄园可选用放射沟施法或全园撒施法。不论那种方法，都应盖土深埋。特别是全园撒施法,撒后更应进行中耕,将肥埋入土中。施肥后,应结合土壤墒情浇足水。

2. 叶面喷肥 叶面施肥,实际上就是对叶面(含枝蔓)喷肥液。叶面喷肥用量少,肥效快,不受营养分配中心的影响,可及时地对猕猴桃补充营养元素,也可避免土壤对营养元素的固定。但是,叶面施肥毕竟肥量小,元素不全面,因而不能代替土壤施肥,只能是对土壤施肥的补充和配合。如植株出现缺素症状,可选用此法进行矫正。

喷肥后,小分子的化肥,是通过叶面上的角质层裂缝和气孔,进入叶内的。喷后15分钟至两小时,肥液即可被吸收。幼叶气孔占的表面积大,因而比老叶子吸肥快,效率高。叶背气孔较多,表皮下又有疏松的海绵组织,有利于肥料的吸收,因而叶背比叶面吸收速度快。温度、湿度、风速以及猕猴桃树体含水状况,都会影响叶面喷肥的效果。气温在 18 ℃～20 ℃时进行叶面喷肥最为适宜。叶面喷肥还以在空气湿度较大时为好。因此,叶面喷肥大多选在上午 10 时以前和下午 4 时以后进行,以避开中午高温,防止高温对叶面肥液的过度浓缩而使叶面受害。在进行大面积叶面喷肥之前,应先作少量喷布试验,以防出现问题。

六、补差配方施肥

标准化营养诊断是补差配方施肥技术的基础和前提。它的体系的完善,需要经过从立项到试验检测体系的建立及工作,并不断发挥有力作用的过程。它的基本内容在本节开头已作介绍。随着生产的发展和科技的进步,它将得到广泛的普及,为补差配方施肥提供科学的依据。此处不作重复述说,但它的地位和作用要充分加以肯定。

(一)补差配方施肥的基本要领

补差配方施肥,是指根据最佳生长结果状态猕猴桃园与待施肥猕猴桃园的各种营养元素的土壤和叶片分析结果之差,参考猕猴桃植株的生长发育规律、土壤贮肥性能与肥料效应,在土壤已有肥力的条件下,拟订出氮、磷、钾和微肥元素肥料等的全营养的适宜补差施用量,以及相应施肥技术的施肥方法。它包括补差配方和施肥两个方面。配方犹如医生看病时对症开方,其核心是在施前根据土壤,猕猴桃的生长发育所需各种营养元素的比例状况,开展定肥定量工作。施肥则是将所拟订的配方具体运用到生产中的活动。

(二)补差配方施肥的好处

猕猴桃大面积栽培,在我国有 20 余年的历史,各地在科学施肥方面都进行了摸索和研究。如河南西峡于 1997 年起就已研究并在全县示范推广猕猴桃配方施肥。实践证明,配方施肥有以下几点好处:

第一,配方施肥运用了现阶段科技成果及测试手段,能科学地确定有机肥、无机肥和其他肥料的合理用量及氮磷钾的施用比例。这样可平衡土壤养分供需,满足猕猴桃在不同生长发育阶段对营养元素的需要,从而促进猕猴桃植株的生长发育,提高猕猴桃的经济性状,使产量构成因素更加合理。

第二,可以提高猕猴桃的抗逆能力,防治和减轻猕猴桃植株营养失调症,即缺素症。如西峡猕猴桃基地配方施肥地块与单施氮肥地块相比,投资少,枝繁叶茂,叶片不失绿,功能期长;而单施氮肥地块,则表现投资多,叶片黄,焦枯,落叶早,树势弱等不良现象。

第三,可以提高元素的利用率和互促效果。如田间土壤缺氯时,猕猴桃植株会对施钾肥不起反应。故在缺氯土壤中施氯化钾,不但为土壤提供了钾,也补充了氯。又因氯化钾比硫酸钾便宜得多,故在这种土壤中施氯化钾,效果又好又经济。

第三节　水分标准化管理

猕猴桃植株的根系属于肉质根,对土壤水分的要求比较敏感。猕猴桃对土壤水分的要求是:喜湿润,怕干旱,怕水涝,要求所种植地块,易排、易灌,能满足猕猴桃生长发育对水分的要求。

水是猕猴桃各器官的重要组成成分。水是植物光合作用的原料。叶绿体在光线作用下把水和二氧化碳转化为糖,再把糖转化为其他各种物质。所以,水是建成植物体最基本的原料之一。水分除了能保持细胞膨胀状态,维持气孔开放以外,还能促进叶片的光合产物及时运出。水分不足还有其他生理影响,如物质输导作用的降低,以及细胞分裂素由根系向上部运送减少等,而细胞分裂素运送减少,则造成光合作用的减弱等。缺水还会引起落果。夏季干旱使猕猴桃树体温度升高,在强光暴晒下,叶片和果实特别是果实,都可能发生日灼。水分缺乏可以影响到原生质,特别是叶绿体的水合度,这样就使原生质的结构改变,酶活性降低,从而使许多代谢过程受到干扰。水分不足可以引起气孔开口的减小或完全关闭,从而阻止了二氧化碳进入叶细胞,光合效率降低,碳素物质的合成下降,影响猕猴桃果实的膨大。若在猕猴桃生长的前期缺水,会使叶片变小;在果实发育期缺水,会使果实体积缩小;若长期干旱,则势必造成叶片的永久性萎蔫,以致干枯落叶。

水分标准化管理,就是最适量的水分控制。"有收无收在于水,收多收少在于肥"。水不仅影响猕猴桃果树的产量和品质,而且决定猕猴桃植株的生存。因此,必须对猕猴桃园进行水分标准化管理。

一、灌水时期与灌水量

(一)灌水时期

1. 根据猕猴桃物候期灌水

第一,从发芽至开花前,若土壤中墒情不足,即应灌水,从而使土壤中有充足的水分,可以促使发芽和新梢生长,有利于展叶,扩大叶面积,提高光合效能,并有利于开花、坐果。

第二,新梢生长和幼果膨大期,是猕猴桃植株的需水临界期。此时是猕猴桃营养生长和生殖生长并进,器官建成量大,又是树体从主要利用自身贮藏营养转向主要依靠当年合成营养的时期,对水肥都比较敏感。此时应视土壤墒情,浇足水,以减少枝、果对水分的竞争。

第三,果实迅速膨大和混合芽形成期,正值盛夏酷暑,日照强,气温高,要求适时适量浇水,使土壤有比较稳定的水分。但是,不可灌水过多,应注意保根护叶。

第四,落叶入冬时,要结合施基肥,充分灌水,以促进基肥分解和提高猕猴桃植株的抗寒能力。

2. 根据果园土壤含水量灌水

猕猴桃的根属于肉质根,对土壤的水分、空气很敏感,要求土壤相对持水量为60%～80%。此时土壤毛细管中保持着猕猴桃植株根系吸收利用的水分,在较大土粒间有充足的空气,满足根系对氧气的需要。若水分减少到在土壤中不能移动时,猕猴桃根系吸收水分就会受到阻碍,使树体处于缺水状态。所以,必须在土壤相对持水量低于60%时进行灌水。否则,土壤水分再次减少,即可使猕猴桃植株发生萎蔫。植株发生萎蔫时的土壤绝对持水量称萎蔫系数。这时猕猴桃植株因过度缺水，生理活动受到严重损失。不同土质的持水量、萎蔫系数的大小各不相同，表5-7可作为测定土壤含水量的数据参考。

表 5-7　不同土壤的绝对持水量

土壤种类	最大持水量(%)	60%～80%相对持水量	萎蔫系数
细砂土	28.8	17.3～23.0	2.7
砂壤土	36.7	22.0～29.4	5.4
壤　土	52.3	31.4～41.8	18.0

(二)灌水量

猕猴桃园的适宜灌水量，是在一次灌溉时，猕猴桃植株根系分布范围内的土壤湿度，达到田间最大持水量的60%～80%。灌水量过少，只浸润表层土壤，不仅不能达到灌溉的目的，而且易引起土壤板结。若一次灌水量过大，则土壤通气不良，也不利于猕猴桃植株的生长发育。根据猕猴桃属浅根系的特征，浇水能浸润土层50厘米左右深即可。沙地猕猴桃园保肥、保水力差，宜少量多次灌水，以免造成水分和养分的流失。

猕猴桃产区的果农，在生产实践中，都不同程度地积累有一定的经验。河南省西峡县的果农科学灌水的基本原则是：冬浇足，春浇早，夏控水，秋排涝。根据土壤墒情，保证灌足三水，即萌芽水、果实膨大水和越冬水。这些经验，在生产实践中取得了良好的效果。

二、适宜灌水方法及相应设施建设

灌水方法有许多种。应根据经济条件、地块位置、水源丰缺等因素，选择适宜的方法。猕猴桃园灌水方法如下：

(一)沟　灌

在猕猴桃行之间或猕猴桃(高畦栽培)行中,进行自流灌溉。此法便于机械操作,又因为沟壁可以渗水,因而土壤湿润均匀。输水道可采用塑料管道(图5-5)。沟灌可防止土壤板结,是较好的灌水方法。但是,应注意灌水后覆盖和锄杂草。此法比大水漫灌好处多。

图5-5　沟灌的省水输水道

(二)喷　灌

有固定(自压)喷灌和移动喷灌(喷灌机)两种。不论哪种喷灌,都是通过喷头将水喷到空中,成为水滴降落到地面或植株上。喷灌的好处有三:其一,喷灌可节省用水30%～50%,没有渗漏和地表径流现象。其二,在高温季节喷灌可以降低气温和叶面温度,提高光合效率。其三,喷灌对土地平整程度要求不高,在山地果园尤为适用。喷灌的缺点是,在有风的情况下很难喷布均匀,而且会增加水的蒸发损失。

三、节水灌溉与保墒方法

(一)穴　灌

在猕猴桃植株树冠投影的外缘,挖直径为30厘米的穴若干个,然后在其中灌满水灌后用草覆盖穴后,以备再次灌水或灌后用土封穴。此法用水经济,土壤浸润较均匀,适于水源不足的园地采用。

(二)滴　灌

以水滴的形式慢慢地浸润猕猴桃植株的根域。滴灌的好处有以下三点:其一,节约用水,比喷灌省水 50%。其二,节省劳力,滴灌系统是全部自动化的,平原、山地和丘陵地均可采用。其三,有利于猕猴桃生长和结果。滴灌能保持猕猴桃植株根域土壤适宜的湿度,不过干,亦不过湿,水气条件都好。若滴灌结合施肥,则更能不断供给根系营养。

四、防渍排水

由于猕猴桃的根系属肉质根,故对土壤水分的多少比较敏感。土壤水分过少,不利于猕猴桃植株的生长发育;但水过多,空气减少,氧气不足,会使根系进行缺氧呼吸,产生并积累乙醇等物质,使根系受毒害。

土壤积水,造成土壤缺氧,好气性微生物活动减弱,对有机质的分解能力下降,影响土壤肥力提高。尤其是在施用大量未完全腐熟有机肥的情况下,会因缺氧气而产生甲烷和硫化氢等还原性物质,毒害猕猴桃的根系。因此低洼排水不良的猕猴桃园在多雨季节,树势生长衰弱,甚至引起生理干旱而死亡。在生产实践中看到,高温季节大雨过后,猕猴桃园排水不良,发生浸水一天以上之后,第一天叶片萎蔫,第二天叶片脱落,第三天过后植株即可死亡。可以这样说,涝害大于干旱。

为了防止猕猴桃受涝渍危害,猕猴桃园要选建在不易受涝、排水方便的地方。我国南方地区雨水多,如果在平地建猕猴桃园,则果园四周要挖一条深和宽各 50 厘米的排水沟,并使之与果园周围的大排水系统贯通，以保证能顺利排除积水。在发生积水时，要及时用抽水机把积水抽干。

为了防止猕猴桃受渍，一般采用起垄栽培，将其种于垄脊。垄沟的深度视地块排水难易和当地雨量而定。排水方便而雨量较少的北方地区，垄沟深度为25～30厘米，即可满足排水要求。在排水不便和雨水多的南方地区，垄沟深度要增加到40厘米以上。在上海地区，沟深有达50厘米的。垄沟要与果园四周的排水沟相通，以形成良好的排水系统。

第六章 标准化整形修剪

第一节 猕猴桃标准化整形修剪
的原则和措施

一、标准化整形修剪的原则

猕猴桃标准化整形修剪的原则,为尽量简化修剪技术和措施,尽量减少树体营养生长的浪费,尽量合理地利用好园地有限的光、热和气体资源,尽量使整形修剪技术易学、易懂、易掌握,而且技术传播不易变形。

标准化整形修剪的措施,有拉枝蔓、绑蔓、抹芽、摘心、剪梢、打顶、疏枝蔓、短截、扭梢、刻伤、环剥和环割等。但是,并不是所有的措施在一次整形修剪中,均要派上用场。能够利用尽量少的措施,达到整形修剪的目的,就是最佳的选择。

二、猕猴桃的整形修剪措施

(一)拉枝绑蔓

猕猴桃的枝蔓较柔软,容易牵拉,所以,经常利用拉枝绑蔓措施变换枝蔓的位置,达到及时更换及保持树体良好生长结果状态的目的。拉枝绑蔓为:根据所选用的树形,牵拉并均匀摆布骨架枝蔓,利用索条等将其固定在架面铁丝上(图 6-1)。拉枝绑蔓工作一年四季均可进行,但如果不希望萌发过多的侧生枝蔓的话,则以冬季进行为主。夏季多为幼树骨架枝蔓整形期促生主枝蔓和结果母枝蔓而进行,一定要注意保护叶片和果实。长期整形修剪不良的果园,需要大动手术进行骨架枝蔓调整时,适宜在冬季进行,以防止人为造成枝蔓、叶、果的损伤。用铁丝拉大枝蔓时,其着力点应用废胶管、硬纸板、旧布鞋底等物垫衬,以防损伤皮层,造成伤流。对于结果母枝蔓,切忌在生长季进行拉枝绑蔓。否则会逼出结果枝蔓,影响下一年的产量。

图 6-1　整枝绑蔓

(二)抹　芽

在冬季修剪至生长季初期,及时地抹去过多的不在所留枝条位置上的芽或无用萌芽,可以节约树体营养,防止无用枝蔓生长,集中营养,以利于有用枝蔓和叶果的有效生长。一般枝蔓的背上芽、疏枝蔓后受刺激长出的隐芽和根颈部隐芽,萌发后容易产生直立生长的徒长枝蔓,内向芽萌发易产生内向枝蔓,有碍于骨架枝蔓生长的过多萌芽,以及树干基部萌发的砧木芽,都应在萌芽时及时抹除。但要注意保留一定数量的更新枝蔓和补空枝蔓。

(三)摘心、剪梢与打顶

生产中有摘心、剪梢和打顶的措施。这三者叫法不同,操作方法也不同,但实际意义却一样,均指新梢在尚未木质化之前,摘除先端的幼嫩部分。通常称为摘心(图 6-2)。对新梢进行摘心,能暂时抑制其加长生长,促使营养物质流向增粗生长,加快新梢木质化和成熟,促进腋芽萌发,增加枝蔓量和叶量,扩大树冠,减少无效生长。同时,摘心能使新梢上嫩叶数量减少,功能叶面积增大,有利于养分的积累,可提高腋芽发育质量,促进花枝蔓形成。对初果期和盛果期树适时摘心,还可以起到节约营养,提高坐果率和果实品质,提高花芽形成质量的作用。打顶、摘心、剪梢见图 6-2。注意摘心、剪梢、打顶在不合适的部位,不适宜的季节,以及不需要腋芽萌发的结果母枝蔓上使用,将会导致落叶前的不充实枝蔓、过密丛生枝蔓和结果枝蔓的提前萌发,所以,一定要因时、因地、因树、因枝蔓而定,不可乱用滥用。

图 6-2　摘　心

摘心可分为轻度摘心、中度摘心和重度摘心。其程度不同,产生的效果不同,促发枝蔓的数量也不同。摘心越重,产生的腋芽萌发数越多,增加的枝蔓数越多。在实践中,要注意观察不同栽培品种在不同的生长发育时期,对不同程度摘心的反应,从而积累经验,使该措施得到更好的运用。

摘心措施基本贯穿于猕猴桃树体生长的全过程,可以说,除了秋季以外的所有季节,都可以进行。当猕猴桃的新梢开始出现打扭生长时,其生长势就开始进入弱势。因而在9月份以前发现枝蔓梢尖开始旋转生长时,就要进行摘心。

当新梢生长较长,而留梢较短,摘心部位已半木质化或木质化时,需用剪子剪短,称剪梢。事实上,上述重摘心常需用剪枝剪进行剪梢。剪梢的促发分枝作用比摘心强烈。多在春、夏季进行。

用棍子或竹竿在新梢长至适宜长度时,从其幼嫩部位敲断的操作,称为打顶。打顶的作用同于轻度摘心,常在处理着生部位较高的新梢时应用。多在春、夏季进行。

(四)疏枝蔓

抹芽工作如果做得不够细致,树冠上就会有多余无用的新梢,需用剪枝剪把它从基部疏除。这种把一年生或多年生枝蔓从基部剪掉的措施,称为疏枝蔓。疏枝蔓的作用同抹芽,可改善树冠内的通风透光条件,减弱和缓和局部生长势,促进内膛中、短、细弱枝蔓的发育,减少养分的无效消耗,促进花芽形成,平衡枝蔓间的长势。疏枝蔓主要除去树冠内部到外围过多的枝蔓、轮生枝蔓、过密的辅养枝蔓、扰乱树形的枝蔓、无用的徒长枝蔓、细弱枝蔓和病虫枝蔓等。疏枝蔓,其浪费树体养分的弊端比抹芽要大得多。所以,应多做抹芽工作,减少疏枝蔓量。同时,疏除过大的枝蔓会造成过大的伤口,大伤口难以愈合,容易引起伤流或伤口干裂,削弱树势,甚至导致大枝蔓或主枝蔓死亡,因此应慎用。疏枝蔓多在冬季修剪时进行。

(五)短截与回缩

短截,是指根据所需枝蔓长度,对一年生枝蔓进行剪截;回缩,是指根据所需长度,对多年生枝蔓进行剪截。两者均用于树冠郁闭,枝蔓分布过密处的空间疏通,或结果后衰老的结果母枝蔓及母枝蔓组的更新。两项措施对于集中树体养分,调节树势,改善树体局部或整体通风透光条件,很有作用。多在冬季修剪时进行。疏枝蔓、短截和回缩所造成的伤口较大,一定要用利刀削平伤口截面,涂上防腐剂,以促进伤口愈合。

(六)缓 放

对一年生枝蔓不修剪或仅轻打顶,任其自然生长,称为缓放。缓放有利于缓和树势和局部枝蔓的生长势。多与绑蔓一起结合进行。缓放可明显减少枝蔓数量,有利于花芽(花枝)的形成,是幼树期降低树势常用的措施。应用时应因枝蔓而异。

(七)扭 梢

当新梢半木质化时,用手捏住新梢的中下部扭转 $30°\sim$ $90°$角,伤及木质和皮层,使它稍有分离但又不折断,这种措施称为扭梢。扭梢能较大地削弱枝蔓的生长势,使蔓梢在短期内停止生长,幼嫩部位和异养叶面积减少,自养叶和功能叶面积增加,形成局部营养积累,有利于花芽形成,并可促发扭梢部位以内发出新梢。这一措施常用于可利用背上枝蔓和内向枝蔓的生长势控制。扭梢时间要把握好。扭梢过早,新梢柔嫩,尚未木质化,易折断。扭梢过晚,新梢已木质化,皮层与木质部易分离,造伤较大,还会引起扭梢部位以远蔓梢的死亡。

(八)弯 枝 蔓

对枝蔓只进行打弯,不进行扭转的措施,称为弯枝蔓。弯枝蔓和扭梢有一个共同的作用,就是在需要萌发枝蔓的部位,让所选的芽子处于上位,有利于芽的定位定向萌发。

(九)刻 伤

在春季伤流期完毕至夏末,对于树冠内需要枝蔓填补空间,但附近又没有多余枝蔓供使用的情况下,可选合适部位的芽,在其成龄叶片数量多的一方,距芽 0.5～1 厘米处横刻一刀,其宽度为芽宽度的 2 倍,深度刚及木质部,以促进芽体萌发生长,填补好空间。这一措施称为刻伤。刻伤形状有"一"字形刻伤和眉状刻伤两种,以后者多用。此时刻伤处理,愈合时间长,但到翌年初春树体伤流开始时,伤口也已经愈合。新产生的愈伤组织缺乏疏导组织,有短期阻碍养分运输的作用,能使春季回流的营养优先供给刻伤部下方芽,促其萌发生长,尽早补空。

(十)造缢痕、环剥、环割与倒贴皮

这四种措施的作用,均为临时阻断树体养分运输,使营养在短期内在地上部或局部枝蔓上积累,促使组织成熟,抑制树体营养生长,促进生殖生长,使花芽分化良好,增加果实生长的营养供应。为了防止这些措施过重时造成死树,一般多用于二年生以上营养生长过旺的枝蔓或枝蔓组。操作部位多在基部,操作时间多根据需要而定。为提高坐果率和果品质量,可在生理落果期前和采果前 1 个月进行。为促进花芽形成,可在 5 月中下旬到 6 月初进行。造缢痕,即用铁丝、弹性塑料膜和绳索等,将枝蔓干基部勒紧,经过 3～6 周时间即可形成缢痕,缢痕形成后要取掉缢索。此法为四种方法中最安全的一种,在幼树期和局部营养生长过强的控制中常采用。造缢痕的最佳部位,在枝蔓的由幼嫩部分向半木质化转变的节位。摸索这个部位和掌握缢痕的轻重深浅,是经验性很强的技术。

环剥,为将枝蔓干基部的韧皮剥去一圈的技术。环剥带的宽度为枝蔓粗的 1/8～1/10,但最宽不能超过 0.5 厘米。其操作方法为:按所需宽度,用两刃环剥刀沿枝蔓基部割一圈,将皮层去掉。旺盛生长季容易去皮,去皮时可用利刀进行,但不可伤及或弄脏形成层,否则会影响伤口愈合。环剥的生理反应较强,一定要慎用。一般多用在辅养枝蔓和结果母枝蔓组的培养上,少用在主干、主枝蔓上。另外,对于晚熟品种,以提高果实含糖量为目的时,环剥时间不可过晚,过晚伤口不易愈合,会造成翌年早春伤流,会抽干所处理枝蔓。在干旱地区,对环剥伤口用透明塑料胶带包裹,有利于伤口愈合。

环割,为用刀在枝蔓干基部割一整圈或螺旋形数圈,但不除去皮层。它比环剥作用轻,但较安全。环割的时期与用法,与环剥相同。

倒贴皮,为将环剥时所取下的韧皮倒置贴于伤口处的措施。进行倒贴皮,有利于伤口愈合,但效果比环剥轻一些。其余同环剥。

在这四种措施中,以环割最保险,因而生产中采用较多。环割的效果可以用多道环割来加强和调整。

第二节　适宜树形及其整形技术

一、适宜树形

猕猴桃的标准化整形修剪,将树形选定在大棚架和"T"形架两种类型上,相比原来意义上的这两种树形,显得更加简化。新型的整形为全树只有四个级次,即主干、主蔓、结果母枝蔓和结果枝蔓,去除了以前那些一级侧枝蔓、二级侧枝蔓,大的、中的、小的结果母枝蔓组,以及短缩结果枝蔓组等繁琐的结构。其中前面的两级为基本固定,后面的两级基本上年年更新,较少使用,基本不用,或根本就不用结过果的枝蔓。

二、整形技术

(一)大棚架的整形

猕猴桃苗木定植后牵引苗干单轴上架,注意不要扭曲;若扭曲则回剪到不扭曲部位。长至架面下约 0.1 米处时,开始中摘心或重摘心,促生两条主枝蔓。主枝蔓上架后,按"Y"字形与树行平行,即呈 180°,向两边反向分布。有条件时,将"Y"字形头上的两个主蔓用绳子牵引,使其呈倾斜 45°角向上生长(图 6-3)。

图 6-3 成功整形后的大棚架

7月底以前,当两条主蔓各生长约 1/2 株距时,开始摘心,放平绑缚在中心牵引丝上。从基部分杈处 10 厘米起,选饱满芽刻芽或环割两圈,刻芽的密度为同侧相距 35～40 厘米,异侧互生,即在主蔓上每隔 17～20 厘米,呈一左一右地错位刻芽,促发分枝,培养结果母枝蔓。环剥的密度为 15～20 厘米一处,每处选饱满芽两个。

8 月份以后,先不进行拉平绑蔓促发结果母枝蔓的措施,而放到落叶后进行,以防止促发的新结果母枝蔓到休眠期来临时组织不充实。结果母枝蔓的拉枝绑蔓,全部在冬季进行。如果错误地在生长期进行,则会逼迫结果枝蔓提前在当年萌发,影响第二年的产量。新西兰等国家牵引结果母枝蔓,让其一直沿斜向 45°角生长,是有一定道理的。这种架式因为其所结果实的商品一致性排名第一,而得到大力的提倡。

(二)"T"形架的整形

"T"形架,是目前山地猕猴桃园中的首选树形。苗木定植后,用绳牵引茎干单轴上升,注意不要扭曲,长到 1.5 米左右时,进行一次重摘心,促发成两个分杈。两个分杈上架后,分别沿中心丝向树行的两个方向延伸成主枝蔓。主枝蔓可以按照上述大棚架的整形方式来成形,不要采用主枝蔓每伸长 40～50 厘米重摘心一次,摘去 15～20 厘米,促发结果母枝蔓的方法来促生结果母枝蔓。实践发现,这种方法促生的结果母枝蔓,从主干向远端越来越弱,即使采用有低位芽向高位芽法来调节,也很难纠正。所以,以前发表的文章和书中所讲的逐步重摘心促生结果母枝蔓的办法,要予以取缔;而改为和结果母枝蔓培养的方法一样的措施,即沿着行向,向两侧呈 180°角,反向斜向上,呈 45°角一直延伸生长。8 月底以前长够株距的一半长度时,拉平绑蔓,促发结果母枝蔓。8 月份以后,则不再进行拉枝绑蔓,防止晚秋梢形成的结果母枝蔓不充实,不能正常越冬和形成花芽,造成来年缺少结果枝蔓。结果母枝蔓的处理,则是向行间斜向上 45°角一直延伸生长,冬季再拉平绑蔓。绑蔓后过长的部分,让其自然搭缚在外缘的架面丝上。结果枝蔓的分布及其密度同大棚架(图 6-4)。

图 6-4　整形后的"T"形架

第三节　不同生长时期的标准化修剪

修剪,分为休眠期修剪(冬季修剪)和生长期修剪(主要为夏季修剪)两种,而以生长期修剪为主,休眠期修剪为辅。

一、休眠期修剪

休眠期修剪的时间,为落叶后到第二年早春伤流开始前一个月之间,以冬至前后修剪为最好。休眠期修剪的方法如下:

(一)骨架枝蔓培养

骨架枝蔓培养,主要在幼树期和初结果期发育阶段进行。生长季整形修剪进行得比较好时,冬季修剪中骨架枝蔓培养的工作量就不大。一般仅对所采用架式中缺失主枝蔓和结果母枝蔓,利用较壮实的发育枝蔓或旁侧布局过密的枝蔓,进行调整或补充(图 6-5)。猕猴桃 1～2 年生枝蔓可随意牵拉,3～4 年生枝蔓可就近重新排布,因而这项工作难度不大。

图 6-5　骨架枝蔓培养

　　骨架枝蔓的培养一定要直,同时要尽可能地减少分枝换头级次,防止扭曲生长和多重结节,影响营养疏导组织的畅通,使日后的树势难以旺盛强壮。如果骨架枝蔓不够直,并且多次打顶产生多重结节,则可以采取冬季修剪时一步回缩到位,使其重新发枝,往往可以生长出理想的骨架枝蔓来。

　　结果母枝蔓的培养,应该像骨架枝蔓培养那样,让其斜生向上生长(图 6-6),从而不萌发或少萌发腋芽,多形成花芽,为

图 6-6　结果母枝蔓培养

第二年开花结果奠定基础。在当年忌拉平生长,特别在中华猕猴桃品种上,一拉平就刺激腋芽萌发,从而逼使本应第二年萌发的结果枝蔓提前萌发,造成第二年减产(图 6-7)。

图 6-7　过早拉平结果母枝造成提前萌芽

(二)结果母枝蔓更新

更新猕猴桃植株的结果母枝,主要在盛果期及其以后的树龄期进行。猕猴桃枝蔓软,结果后下垂,下垂后衰弱,所以骨架枝蔓、结果母枝蔓的更新,贯穿于整个结果期,特别是"T"形架结果母枝蔓的梢头,容易出现下垂衰弱。猕猴桃潜伏芽的萌发势和生长势很强,其更新修剪比其他果树树种容易进行。具体做法是:①抬高枝蔓角度,增强生长势。②去弱留强,使根系吸收的养分集中用于有用枝蔓。③利用要更新枝蔓基部发出的强旺枝蔓、徒长枝蔓和发育枝蔓,替换衰弱、病虫及枯死枝蔓。实行标准化整形修剪以后,结果母枝蔓的更新部位一般都比较固定,均在原结果母枝蔓的基部,不断刺激新的健壮枝蔓,用于更新,最后形成更新部位的多层鸡爪状分枝桩(图 6-8)。

图 6-8 多层鸡爪状分枝桩

（三）枝蔓保留量标准

枝蔓修剪的保留量标准为留果量。品种丰产性较好、树体进入结果期晚、树势较旺、肥水植保管理水平较高的果园，留果量宜大，反之宜小。通常以留芽量来定留果量。幼树期和初结果期，留芽量尽量要大，一般只除去细弱副梢、多余的徒长枝蔓和病虫枝蔓。盛果期后的留芽量，以结果母枝蔓的修剪长度来确定。一般美味猕猴桃的品种结果母枝蔓修剪长度宜留长些，中华猕猴桃的品种宜留短些；长枝蔓结果品种（如金魁）宜留长些，中、短枝蔓结果品种宜留短些；结果盛期树宜留长些，结果后期树宜留短些；长、中结果母枝蔓宜留长些，短结果母枝蔓宜留短些；棚架式猕猴桃树宜留长些，主干型立体式猕猴桃树宜留短些。总的来说，根据树势和树体大小及树龄，来确定猕猴桃结果母枝的留芽量，其计算公式为：

结果母枝的留芽量＝667 平方米产量／

667 平方米株数／单果重／结果母枝蔓数×2

（四）清除病、虫、死枝蔓

猕猴桃病虫问题不太严重，但管理不善果园，树冠下部光照不良处,结果枝蔓的自然更新死亡严重。冬季修剪时,要注意清除病、虫、死、弱枝蔓。

二、生长期修剪

因其修剪工作相对集中于夏季,故又称为夏季修剪。主要是在4~8月份枝蔓旺盛生长期间进行,其目的为调节树体生长发育平衡状态,减弱树体营养生长势,减少蔓梢无效生长,改善光照条件,增加叶幕层内通风透光性能,有利于光合产物积累,提高营养物质的利用效率,使树体早成形,早开花,早结果。夏季修剪的内容有:①根据不同树形,运用牵拉、绑蔓、摘心和抹芽等措施,合理布局骨架枝蔓。对弱树要多留发育枝蔓,以增强生长势。对强旺树,要疏剪一部分发育枝蔓,以减弱局部生长势。②运用摘心、抹芽和疏枝蔓等手段,控制叶幕层厚度在0.8~1.0米范围内。③调节发育枝蔓和结果枝蔓比例。在正常结果、生长中庸的情况下,两者的比例为1:2~3。

第四节 不同龄期树的标准化修剪

猕猴桃一生发育有四个时期,分别为幼树期、初果期、盛果期和衰老期。其中幼树期为1~4年,初结果期为2~3年,盛果期为15~35年,衰老期为5~10年。前两个时期时间短,受人为管理因素的影响较小,栽培措施等管理水平的高低,仅能对其有1年左右的影响力。后两个时期时间长,受人为管理因素的影响较大,管理水平的高低不仅决定了结果的多少和果实品质的好坏,还决定了树体的寿命。因而必须按不同树龄时期的生长发育习性,采取不同的整形修剪措施。

一、幼树期整形修剪

幼龄树阶段一般指从定植到开始结果前这一时期。中华猕猴桃品种的这一时期为 1～2 年，美味猕猴桃品种为 1～3 年。这个阶段的整形修剪宗旨，为培养树体骨架结构，促使幼树尽快按照所选树形，平衡有序的扩大树冠，增加枝蔓和叶片量，尽早实现全覆盖叶幕层，为其后的丰产奠定基础。

幼树期整形修剪的原则为：培育强壮枝蔓作树体骨架，冬剪多从饱满芽处短截，春夏剪多从饱满芽处重摘心打顶，使树体多萌生健壮枝蔓，供构建两级骨架枝蔓时选择。猕猴桃枝蔓量不够时，需要刻伤促发枝蔓；枝蔓量有多余时，一般予以疏除，或绑缚拉平将其培养成结果母枝蔓。选择猕猴桃主枝蔓时，注意不要选对生枝蔓。对生枝蔓容易产生卡脖效应，引起其后枝蔓生长变衰弱。

二、初果期树的整形修剪

猕猴桃的初结果阶段，一般是指从开始结果到大量结果前这一时期。中华猕猴桃和美味猕猴桃品种的这一时期均为 2～3 年。

此阶段的整形修剪宗旨为：继续扩大树冠，补充完善树体骨架建设；运用基部刻芽手段，促发健壮枝蔓，大力培养结果母枝蔓，及时培养备用结果母枝蔓。

初果期的后期，树冠已基本形成，但由于结果还较少，树体负荷轻，树势仍偏旺。故应在继续培养结果母枝蔓的同时，还要通过修剪加大花枝蔓的留量，以产量压树势。对骨架枝蔓以外的枝蔓，以缓放为主，以促进花芽大量形成，并且只进行较轻的疏花疏果，以便以果压冠，稳定树势，为尽早进入盛果期和进入盛果期后的高产优质创造条件。

三、盛果期树的整形修剪

猕猴桃的盛果阶段,一般指从大量结果到产量开始明显下降的结果阶段,为果园的鼎盛时期。在正常管理条件下,中华猕猴桃品种的这一时期为 15～25 年,美味猕猴桃品种为 15～35 年。

该阶段的整形修剪宗旨为:维护树体骨架结构,前期促使树势由旺转向中庸,营养生长和生殖生长逐渐趋于平衡,负荷量逐年增加并维持在一定的水平上。中、后期要注意控制产量,保持树势健壮,维持较强的持续结果能力,延长其经济寿命。整形修剪的原则为前期多缓放,促进成花,以果控制树势;中期对短截、缓放等措施均衡应用,维持树体生长势中庸,使结果状态稳定;后期多采用重短截、重摘心等促进营养生长的措施进行修剪,防止树体过早衰弱。夏季修剪一定要控制叶幕层的厚度,地面上要有适宜的光斑量,光斑量占树体投影的 15%～20%(图 6-9)。留枝、留果不要互相拥挤。

图 6-9　地面适宜光斑量为树体投影的 15%～20%

值得一提的是,猕猴桃雄株的修剪一般在花后进行。其修剪量比较重,以刺激萌发更多的新生枝蔓,有利于树势的强健和花芽、花药与花粉活性的增强(图6-10)。对猕猴桃雌株的夏季修剪,要注意维持树势中庸,保持一定的叶果比(图6-11),以利于保证果实的产量与质量。

图 6-10　花后雄株的修剪

图 6-11　雌株夏剪及单枝叶果比

四、衰老期树的整形修剪

猕猴桃树进入衰老期后,树势明显衰弱,花量过多。但是,其枝蔓的生长势、坐果能力和结好果的能力下降,果实产量和品质也下降。如果只重产量,而轻视植保和肥水管理,则猕猴桃树的病虫枝蔓率会明显增加。这个时期,对猕猴桃树体管理得当,那么还可以有 5~10 年的收成;若管理不善,则果园的经济效益会很快由盈转亏。

此期整形修剪的宗旨为:去弱留强,限制花量,大力更新,全面复壮。修剪的原则是,利用猕猴桃潜伏芽寿命长的特点,在冬剪时,分期分批回缩结果母枝蔓枝组,促使其基部萌发新枝蔓,培养新的骨架枝蔓和结果母枝蔓,选新培养的强健枝蔓位正势旺者代替病虫、枯死枝蔓(图6-12)。

图 6-12 冬剪的标准化实施

第七章　花果标准化管理

花、果管理有四方面内容:一为促花促果,保花保果;二为疏花疏果;三为果实套袋;四为提高果实品质。促花促果,前面已经谈及,保花保果的措施本章将稍加阐述,本章的重点主要集中在疏花疏果上。

第一节　猕猴桃果实产量标准和标准化疏花疏果

一、果实产量标准

(一)恰当的标准产量

世界猕猴桃结果面积的平均产量为每公顷 15 吨,每 667 平方米 1 吨。世界最佳猕猴桃生态区新西兰火山岩成土母质区,其火山灰土壤栽培区的猕猴桃平均产量为每公顷 25～30 吨,每 667 平方米 1.667～2.0 吨。不是达不到更高的产量,而是要提高果实的商品品质,就必须限制果实的产量。所以,我国对猕猴桃产量的标准规定不要太高,只要达到世界平均水平的标准即可。

以盛果期平均每 667 平方米定产为 1 吨。以 4 米×2 米的行株距为例,每 667 平方米 83 株,按照 80 株计,单株平均产果 12.5 千克即可;每株树平均有 8～10 个结果母枝蔓,以每枝有果实 8 个计算,平均每个结果母枝蔓负载 1.56 千克即可。单果重要求在 100 克左右,应着果 15.6 个;单果重 80

克,则每株应坐果 19.5 个;每个结果母枝蔓的长度为 1.5~1.9 米,平均为 1.7 米,那么,就是平均每 8.7~10.8 厘米留 1 个果即可。这就是疏花疏果定下的标准化尺度(图 7-1)。

未彻底疏果的状况　　　　　　按照标准疏果后的状况

图 7-1　猕猴桃未彻底疏果与按标准疏果的对比

(二)标准产量的实现基础

1. 猕猴桃花芽分化机理　猕猴桃的花芽(花枝芽)为混合芽。它抽生枝蔓,枝蔓上着生花序。它有生理和形态两个分化阶段。生理分化一般在开花上一年的 7 月中下旬至 9 月上中旬;形态分化从开花当年芽萌发前开始,到花蕾露白前完成,共 50~60 天。

美味和中华猕猴桃花芽分化的时期可分为:①生理分化期:芽内第 5~12 节腋芽原基分生组织由营养生长状态转为生殖生长状态。此期从开花上一年的 5~6 月份起,到开花当年的萌芽前止,长达 8 个月左右。但以上一年的 7~9 月份为集中生理分化期。②花序原基分化期:在开花当年的 2 月下旬至 3 月上旬。③主花和苞片原基分化期:约在 3 月上中旬。④侧花和花萼原基分化期:约在 3 月中下旬。⑤花瓣原基分化期:约在 3 月下旬的混合芽露绿时。⑥雄蕊原基分化期:约在 3 月下旬。此时,芽外观已见尚未展开的幼叶。⑦雌蕊原基分化期:约在 3 月底到 4 月初。⑧花粉母细胞减数分裂和花粉粒形成期:约在 4 月上中旬、开花前 20 天左右。

2. 奠定花芽分化的基础 没有生长健壮的结果母枝蔓,就没有好的结果枝蔓。有利于促进枝蔓健壮生长与养分积累的树体内外环境及栽培措施,均有利于花芽分化,如充足的光照、适宜的温度、湿度、土壤和风力等环境条件,合理的施肥、浇水、修剪及适时适度的化学或手术促控措施等。要让猕猴桃的花芽分化量大,就是要让枝蔓在生理分化期以前充分地生长发育,然后用绑蔓的技术让其缓和生长势,积累营养,为花芽分化由生理性向形态性转化过程的完成奠定基础。这个时期要抑制芽的萌发。其控制措施,一为让枝蔓向倾斜 40°角左右方向生长,一为喷生长抑制剂。标准化栽培措施要求采用前者,而尽量不要用后者。

3. 促进结果枝芽全部萌发 在冬季去掉所有结果母枝的背上芽,使其所有的侧芽都处于同一个水平,具有同样的萌发势,从而达到使猕猴桃结果母枝,大约每 10 厘米抽生一个结果枝蔓的目的。

二、疏花、疏果与优质果生产

猕猴桃花量较大,各种条件适宜时,坐果良好,而且基本上没有生理落果。但坐果太多,会给树体造成沉重负担,导致小果,并削弱营养生长,引起树体生长势转弱,连续生产能力下降,从而影响其丰产性和稳产性。因而,对猕猴桃进行疏花、疏果是十分必要的。疏果时,一般果枝蔓中部花序着生的果实,个大质优,蔓梢端次之,枝条基部最差。另外,基部第三节(实际上是第五节,因为目测观察时,往往只注意有叶的节位,不注意最基部两个无叶的盲节)左右的顶花与侧花在低温下分化时易发生融合,产生扇形畸形果。美味猕猴桃的雌花芽一般为单芽,中华猕猴桃有许多品种为复花芽,即在中心主芽的两侧,还有一个或一对副芽。所以,无论疏蕾、疏花或疏果时,要注意保留结果枝蔓结果部位中部的,大约为第五至第七节位(除去盲节的节位)的中心蕾、中心花或中心果,即对于同一个花序要尽量保留中部果。留果的密度为,在结果母蔓上每8.7~10.8厘米留1个果(图7-2)。疏蕾、疏花和疏果要分次进行,不可以图省事一次完成,以防倒春寒或花期的不良气候意外引起坐果率低下。疏果还可以凭经验叶果比,确定留果密度,但叶果比的大小在不同品种之间稍有差异。美味猕猴桃系统大叶型品种的叶果比为4以上,而海沃德的叶果比为5~6。中华猕猴桃系统品种的叶果比多为5以上,新园16A的叶果比为3.5以上。叶果比大时,果实品质好,叶果比小时产量高。疏花、疏果的仍以人工为主,可结合绑蔓、摘心等同时进行。

图7-2 疏果后的适宜留果状

第二节 促花促果、保花
保果和辅助授粉

一般的猕猴桃品种，在授粉品种搭配适宜的情况下，往往坐果过多，基本不需要进行促花促果、保花保果和辅助授粉。但是，对于不容易结果的品种来说，为了提高其果实的产量和品质，则必须对它做好促花促果、保花保果和辅助授粉的工作。

一、促花促果与保花保果

猕猴桃的童期一般为 4～6 年，嫁接苗的幼树期为 2～3 年，个别植株可在苗圃结果，但无经济意义。促花促果，即为了缩短童期或幼树期，而主要在生理分化期进行的措施；保花保果，是在花芽形态分化期及其后的果实发育早期进行的措施。

(一)促花促果

促花促果的措施有三项：一为运用栽培措施，缓和树势，抑制营养生长，提高树体营养积累水平，改变激素平衡，使其向有利于花芽形成方面转化，促进生殖生长；二为增施磷、钾、硼等肥料，提高树体内氨基酸、蛋白质的含量，利于花芽形成和生产优质果；三为化学促花促果。其中第二项措施是基础，第一项措施起辅助或调节作用，第三项化控措施不提倡。现将前两项措施介绍如下：

1. 改善栽培管理 一般在 5～6 月份花芽生理分化期进行。其原理为改善树体结构，增强通风透光性能，改变树体内养分的积累程度和流向，从而促进花芽形成，提早开花结果，提高果实产量和品质。常用措施除了整形修剪中所用的缓和树势措施外,还可采取 5～8 月份进行枝蔓摘心、扭梢、绑蔓降低生长势、环剥、环割、倒贴皮和造缢痕等措施。总的来说,在枝蔓健壮生长的基础上,于 5～9 月份花芽生理分化期,对其加以控制,促进养分的适量积累,有利于形成花芽,有利于坐果和结好果。

2. 加强营养供给　花芽形成取决于树体内营养积累和糖类物质向氨基酸、蛋白质、激素及核酸类生命活性物质转化的程度。增施有机肥,磷、钾肥,钙、镁、硼、铁、锌、钼与氯等微量元素肥料,可提高猕猴桃植株的营养水平。体内营养总水平越高,转化的生命活性物质越多,越快,越早,越有利于花芽形成和开花坐果。而这些活性物质的形成离不开上述肥料成分。在幼树期,给予充足的全营养肥料,对早成园,早成花,早结果,均大为有利。

(二)保花保果

保花保果的措施有两个方面:其一为预防不适宜的自然因子;其二为人工辅助授粉。现分述如下:

1. 预防不利自然因子　影响花芽形态分化的自然因子主要为温度。其中北方地区初冬的大幅度快速降温与早春倒春寒,南方地区的冬季低温量不足,为常见的不利自然因子。前两种因子引起花芽冻害,后一种因子导致开花不整齐。对于初冬突然降温与早春的倒春寒,可以用喷水加植物防冻剂,或园内熏烟,使园内温度维持在 0℃ 以上,即可保证花芽不受冻害。

2. 做好授粉工作　猕猴桃的优良授粉,是保花保果的重要措施。要使猕猴桃优质丰产,就必须认真做好授粉工作,做到及时授粉,充分授粉,授优质粉。

二、辅助授粉

(一)猕猴桃的开花习性

中华和美味猕猴桃的雌雄花均为潜在的两歧聚伞花序,包括顶花和第一、第二级侧花。侧花的发育进程与顶花相似,但更快。绝大多数雌性品种侧花败育在花瓣原基形成期。猕猴桃的花序为两歧聚伞型。花初开呈白色,后渐变成淡黄或橙黄色。花大美观,具芳香;缺乏明显的蜜腺组织。花属完全花,具有花柄、花萼、花瓣、雄蕊和雌蕊。花萼绿至褐色,尖卵形,3~7枚(常为6枚),覆瓦状排列,基部合生,密被绒毛,多宿存。花瓣乳白色,5~7枚(常为6枚),基部散生,覆瓦状排列,倒长卵形,波浪缘微卷,无毛。雄蕊126~258根,花丝8~14毫米长,轮状排列(雌花两轮,雄花三轮),花药较大(2~4毫米长)。雌蕊子房上位,被白色绒毛,花柱长8~9毫米,21~41枚,放射状向外弯曲,授粉后萎蔫,但宿存。花柄长25~64毫米,被绒毛。

猕猴桃的开花的时间和花期的长短,因品种、雌雄性别、管理水平和环境条件而变化。一般来说,中华比美味猕猴桃开花早7~10天;雄性比雌性开花早一些而谢花晚;向阳枝蔓的中部花先开,叶幕层过厚时,架面下受荫处枝蔓上的花开得晚;主花先于侧花开放。一朵单花可开放2~6天,多为3~4天。花期可细分为初花期、盛花期和终花期。初花期,是指全树有5%的花蕾开放。盛花期,指全树有30%~75%的花蕾开放。终花期,是指全树有75%的花冠萎蔫脱落。开花的最初两天为最佳授粉时间。

(二)授粉技术

1. 对花授粉 这是在上午8~12时,用一朵雄花轻轻对5~8朵雌花,雄蕊对雌蕊,随摘随对;为了防止对柱头的损伤,可用两朵雄花在雌花柱头上方轻轻摩擦方式进行。

2. 蘸粉点授

(1) 采　粉　于上午 6~7 时,收集当天开放的雄花花粉。其方法是,采集雄性花的花药,摊在光滑纸上,放于阴处晾干,而不要在太阳光下暴晒,大约 2 小时即可散粉。散粉后收集花粉,装入广口瓶。

(2) 人工授粉　在上午 8~11 时,用鸡毛或毛笔蘸取花粉,轻轻弹撒在雌花柱头上,或用鸡毛做成小毛笔,蘸上花粉,点授到雌花的柱头上。动作要轻盈,不要碰伤柱头,以免影响授粉效果和出现畸形果。

3. 机械干式授粉　进行机械授粉,其花粉可以人工采集,具体方法同上;也可以用机械采集,方法是从集中栽植的雄株上,集中采集雄花,并将采集好的雄花放入取花粉器中,大约半小时后即可得到可用的纯花粉。纯花粉容易粘结成块,不易散开,可以加入准备好的石松子花粉或石墨粉等,使其分散均匀。

花粉采集器,上层为花破碎层,中间层为花粉和花器碎片分离层,下层为花粉收集层。其中花粉的阴干用控温仪控制,以保持花粉的活性。

授粉器主要有 4 部分:吸粉腔、贮粉腔、喷粉管和动力部分。图 7-3 是河北省一家工厂生产的猕猴桃授粉器结构图。这种授粉器在陕西和四川地区比较受欢迎。

4. 机械湿式授粉　即采用机械以花粉液进行授粉。将采用上述方法收集的花粉,按花粉∶蔗糖∶水=1∶10∶9 989(重量比)的比例,配制成悬浮液,用洗净的喷雾器于上午 9~11 时喷到当天开放的雌花柱头上即可。还有的在花粉液中加组织培养用的不含凝固剂的营养液后再授粉。新西兰人在所用

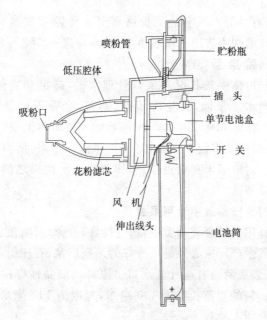

图 7-3　猕猴桃授粉器结构

花粉液里另加了食用色素,使授过粉的地方可以显示,不至于发生遗漏或重复授粉。

第三节　提高果实外观与
内质指标的技术

提高果实外观质量的技术,主要为果实套袋;提高内质指标的技术,主要为增施全营养肥。

一、果实套袋

近年来,在猕猴桃栽培中也提倡果实套袋。果实套装对于防止猕猴桃果面污染,降低果实病虫害的感染率,提高果实品质,很有益处。其套袋果价格高出未套袋果 20%～30%。但套袋技术刚刚应用于猕猴桃生产,尚待进一步完善和推广。

(一)留果量

根据树体生长状况和果园管理水平,确定套袋留果量。中等生产水平果园,无论海沃德、秦美、金香等留果量为每 667 平方米 20 000～25 000 个,按收购商要求单果重 90～110 克,长蔓结果的多留中间果,每个花序留一个果,所留果要形正个大。对畸形果和病虫果,一律疏除。所留果之间的距离为 8～10 厘米。

(二)选择猕猴桃专用果袋

选择用的纸套袋为黄色,透气性好,有弹性,防菌、防渗水性好。其生产厂家必须是信誉好的正规厂家,有注册商标,做工标准,袋底两角有通气流水口。原料以商品性好的木浆纸袋为好。袋的规范长度为 190 毫米,宽度为 140 毫米。这种果袋适合所有猕猴桃品种。

(三)套袋前的准备

套袋前除了要选好果实外,还需细致喷药防治病虫危害。药剂可选用 25% 金力士 7 500 倍液＋40% 好劳力乳油或 40% 安民乐乳油 1 500 倍液＋柔水通 4 000 倍液＋海力威 600 倍液的混合药液,杀菌治虫。还可喷施百菌清、大生等杀菌剂,以及阿维菌素、吡虫啉等杀虫杀螨类药剂。另外,可针对缺素症发生情况,喷施硼、钙、铁、锌等微量元素肥料。喷药几小时后方可套袋。若喷药后 12 小时内遇上下雨,则要及时补喷药剂,露水未干不能套袋。

套袋前要在全园灌一次水,施一次追肥,以利于果实迅速膨大。要整理和选好纸袋,不合格袋不能使用。套袋前要将纸袋放在室内回潮,以便使用时质地柔软,方便操作。

(四)套袋时间

猕猴桃花后 40 天果实膨大最快。按照猕猴桃大部分种植区的生态条件,套袋时间在 6 月下旬至 7 月上旬比较合适。但必须在喷药后进行。一般以在上午 8～12 时,下午 3～7 时套果为宜,这时可防止太阳暴晒。

(五)套袋方法

果实选定后,将左手托住纸袋,右手撑开袋口,先鼓起纸袋,打开袋底通气口,使袋口向上,套入果实,让果实处在纸袋中间,果柄套到袋口基部。封口时先将封口处搭叠小口,然后将袋口收拢并折倒,夹住果柄。封口时不宜太紧,以免挤伤果柄(图 7-4)。

图 7-4 果实套袋

(六)去袋时间

采果前 3～5 天,可将果袋去掉。去袋时间不能太早。如去袋太早,果实仍然会受到污染,失去套袋作用。也可以带袋采摘,采后处理时再取掉果袋。

也有人提出，套膜袋能显著改变温湿度条件，袋内温度升高 0.7 ℃～0.9 ℃，相对湿度增大 10.8％～11.8％，果重增加 25.7％～37.7％，商品果率提高 20.4％～30.1％，病虫危害率降低 87.5％～90.2％，贮藏性能好，化学农药使用量减少 72.2％，果实中农药残留量仅为 0.31 毫克/千克，降低 90.5％，并可减轻化学农药对生态环境及猕猴桃果实的污染，为绿色猕猴桃果品的生产开辟了新途径，具有广阔的推广应用前景。

套袋要注意提高效果。套纸袋负效应明显，所套果色发黄，品质不如套膜袋果好。猕猴桃栽培者可在实践中通过对比，择优而用。

二、提高果实内在品质的措施

提高果实内在品质指标，首先是提高树体的营养水平。在果实生长期间，果实相当于一个贮藏库，而树体，特别是叶片，以及有光合能力的当年生枝蔓，相当于营养制造车间，只有树体健壮，其制造的营养充足，在维持自身需要还有盈余时，才能向库内，也就是果实里贮存，果实贮存的营养多了，品质就好。这就是说抓果实品质，就要从提高树体总体营养水平和光合制造养分的能力入手。

植物对营养的需求符合木桶定律，就是说，植物的全营养需求有 16 种元素，18 种氨基酸、蛋白质，4 种核酸和多种脂类物质，其中的每一种都是木桶上的一块板条，那么，任何一种的低水平，必然导致整体营养的失衡和偏差，也就必然导致整体营养的低水平。所以，做好果园营养分析和补差配方施肥，就可以保证和提高果品的内在品质。

同时，控制负载量，合理修剪整形，做好土肥水管理和植保管理等措施，均为提高果实内在品质奠定了良好的基础。

第八章 病虫害标准化防治和
自然灾害防御

第一节 猕猴桃病虫害的综合防治

猕猴桃的品种大多数来自人工野生选种,加之,大多数品种被有厚毛,故其病虫害为所有果树树种中最轻的。所以,在标准化栽培中做好病虫害的综合防治,就可以减轻病虫害的发生,病虫害的防治也就容易多了。

综合防治是建立在树体良好管理基础上的,没有这个基础,树体生长很弱,防治措施的作用也就减弱了。

一、清除病虫害传染源

1. 杜绝有病虫的材料,如接穗、苗木的引入。

2. 对传染源要随时发现,随时清除。除此之外,每年冬季落叶后,都要进行一次大清园,将树体脱落和修剪掉的残枝烂叶集中起来,加上耐高温的有益菌剂,堆放发酵后,再回园深施作基肥。

二、生物防治

用生物或生物的产物防治病虫害,称为生物防治。进行生物防治不污染环境,对人、畜安全。正被大力提倡和应用。生物防治的措施较多,包括以虫治虫、以昆虫病原微生物及其产物防治病虫、食虫动物治虫、生物绝育治虫、昆虫激素治虫和基因工程防治病虫等。

(一)以虫治虫

以虫治虫主要是保护天敌。保护天敌的措施有:① 人工繁殖天敌,适时释放。② 引进天敌,弥补当地天敌的不足。③ 尽量减少并合理地使用农药。要选择对主要害虫杀伤力大,而对天敌毒性较小的农药种类。④ 在天敌数量较少或天敌抗药力较强的虫态阶段(如蛹期)喷药;或在果园内分区施药,可降低农药对天敌的危害。常见天敌,有 10 多种螳螂,100 多种寄生蜂(姬小蜂 55 种、金小蜂 37 种、小茧蜂 36 种、姬蜂 34 种),3 种瓢虫,30 多种蜘蛛,以及蜻蜓等。⑤ 禁止使用对天敌杀伤力强的广谱性农药,如 1059、1605、敌杀死、敌百虫、敌敌畏、乐果和六六六等。不用这类强毒性农药,可以保护一部分天敌,对维持昆虫的生态平衡有益。

(二)利用昆虫病原微生物与生物制剂防治病虫害

昆虫病原微生物包括细菌、真菌、病毒、类病毒、类菌原体和线虫等。如用苏云金杆菌感染鞘翅目昆虫的肠组织,使其发生病变致死;用白僵菌、青虫菌等,侵染鳞翅目蛾类幼虫,使其失去生命力;用 K84 菌等防治根癌病;用弱病毒株系预先感染植物体使其对强病毒株系产生抗性;将具有杀虫力的 BT 基因和天蚕素基因,转入植物体内的基因链中并得到表达后,使植物自身对害虫产生杀伤能力;用性引诱剂诱杀害虫或破坏害虫的繁衍秩序;用农用抗生素灰黄霉素、土霉素和链霉素,防治花腐病等细菌病害等。但是,抗生素类药剂的使用,一定要注意它是被淘汰的,使用时一定要适时、适量和适法。

(三)以食虫动物治虫

食虫动物主要有益鸟和禽类,如啄木鸟、绍山雀、画眉、黄鹂、大杜鹃、山鸡、鸡、鸭和鹅等。特别是猕猴桃种植业和养殖业的结合,棚架下面间作草或杂草,鹅、鸭吃草,禽粪直接回园,效益较好。这在四川、重庆均有成功先例。

(四)应用生物绝育措施降低虫口基数

用 ^{60}Co 等辐射诱变害虫不育,减少林地环境中的害虫虫口基数。

三、物理防治

利用物理方法防治猕猴桃病虫害,是行之有效的方法。物理防治的措施,有黑灯光诱杀、高频电脉冲灯诱杀、糖醋液诱杀、诱饵毒杀、人工捕捉、树干绑隔离带(图 8-1)、黄色板诱杀蚜虫、粘胶板和捕捉夹等,都能起到有效的作用。

图 8-1 绑隔离带

四、化学防治

化学防治方面,因为我国的猕猴桃出口主要是向欧盟和日本,其化学防治受欧盟,特别是德国,还有日本的限制较多。即使猕猴桃不出口而供内销,为了国内人民大众的健康,也要限制农药的使用种类和使用量,按照表 8-1 所列方法,科学地进行病虫害的防治。

表 8-1　猕猴桃园病虫害防治历

季节或物候期	防治内容与主要措施	备　注
落叶前	增施有机肥。对树干和大枝用石灰水涂白后,绑草秸护理根颈部。立春后去掉草秸烧毁	提高树体防寒抗病能力
休眠期	不栽病虫苗木;剪除病、残、死枝蔓,清洁果园,集中烧毁或深埋沤肥。在老园刮治腐烂病斑,用石硫合剂 40 倍液涂抹病疤	减少虫口基数,清除病源
萌芽前 15～20 天	全园彻底喷布一次 3～5 波美度石硫合剂。病虫严重时隔 7～10 天再喷 1 次。安装黑光灯或高频灯诱杀	目的同上。所有枝蔓均喷施彻底,不留漏隙,包括防护林
萌芽后	全园喷布一次 0.3～0.5 波美度石硫合剂	减少虫口基数和病源
开花前	普喷一遍农用链霉素,防治花腐病和溃疡病。人工捕捉金龟子。挖除枝权处天牛幼虫	降低病虫基数
谢花后	7～10 天喷一次甲基托布津,喷 1～2 次。用金纳海加生物菌肥土施,防治根腐病。人工捕捉金龟子。释放天敌	防治多种病害
果实膨大期	用代森锰锌喷雾一次,喷一次蚧螨灵	防治多种病害和介壳虫
新梢旺长期	用甲基托布津喷雾 1 次	防治虫害和真菌病害
采果前 20 天	用代森锰锌或甲基托布津喷雾 1 次	防治果实贮藏期真菌病害

五、综合防治

综合防治,其实包括上述农业防治、物理防治、化学防治和生物防治。以农业防治为主,生物防治、物理防治为辅,化学防治为补。农业防治工作做得好的猕猴桃果园,一般不发生大面积病虫害。同时,合理修剪,园地通风透光良好,树体负载量适宜,地力、肥水充足,是减少病虫害大发生的基础;而超载郁闭的猕猴桃园,纵然在病虫害防治上很下工夫,也难以达到理想的防治目的,免除不了病虫害的大发生。所以,合理负载也利于病虫害的防治。

六、主要病虫害的防治

猕猴桃的病虫害较少,目前在生产中造成危害,需要着力防治的有以下种:

(一)溃疡病

属于细菌性病害,从伤口入侵。

此病的发生症状特点,在冷凉湿润的地区,于2月初至3月间,在多年生枝干上出现白色菌脓白点。菌脓自粗皮皮孔,或裂皮的裂口溢出,并迅速扩散变为乳黄色,最后变为红褐色。3月末以后,溢出的菌脓增多,组织软腐变黑,枝干出现溃疡病斑,或整枝枯死。成熟新叶出现褐色病斑,周围有黄色晕圈。5月份以后发病减轻,夏、秋、冬季病菌均处于潜伏状态。

防治法:在萌芽前1个月,每667平方米撒施硼砂0.5~1.0千克,满足萌芽期树体需要。5~6月份再增施一次。药物防治一般喷用2 000倍的农用链霉素。避免造成伤口,如冻伤、机械伤、缺硼的藤肿表皮裂纹等,是其有效的防病方法。

(二)根腐病

为真菌性病害。在土壤黏重、渍水、根系不能进行良好呼吸的情况下,发病严重。其症状之一:是近地面的根颈部皮层出现伤口时,真菌乘机而入,皮层出现黄褐色片状病斑,并向深处迅速漫延。其后根皮层变褐腐烂,易与木质部分离,部分木质呈黄褐色坏死。土壤湿度过大时,病根上常可见到绢丝状菌丝层或菌索,以后还有小菌伞状子实体出现。病株叶色逐渐黄化,树势亦随之衰弱,部分枝蔓干枯,随之整株坏死。其症状之二:是细小根较早发病,初显暗褐色水渍状斑点,分界不明显,随之地下根系变褐坏死。土壤湿度大时,腐根上常可见一层白色薄霉,叶片亦随之凋萎,严重脱落,并整株死亡。

防治方法:引起根腐的真菌也从伤口入侵。清除地下虫害及避免施肥等造成的机械伤,补充硼肥,为有效防治,一般以保持土壤速效硼含量在 0.3~0.5 毫克/千克较佳。施硼时期,以在高温干旱前的 3 月下旬至 6 月上旬为宜。每 667 平方米均匀撒施硼砂 0.5~1.0 千克。撒后除草松土,将硼砂翻入土中。搞好猕猴桃园排水,在多雨的地区采用起垄栽培方式。化学治疗方法为使用甲基托布津 2000 倍拌土,施入根际。

(三)花腐病

多局限于湿润的亚热带地区,其症状是首先在萼片上出现白色小点,继而褐变下陷,受害的花瓣和雄蕊先褐变,继而呈暗褐色。最后入侵子房,使子房全部褐变腐烂,花不能开放,直至脱落。部分受害较轻的花,也能开放,甚至结实,但果实多畸形。

防治方法:搞好果园通风和排渍,剪去过密枝梢,开花前喷布 0.3 波美度石硫合剂溶液,或 2 000 倍农用链霉素防病。

(四)根结线虫

为细小的透明无色线虫,寄生在猕猴桃的根系内,引起根系不能正常发育,形成结节。

防治方法:①加强检疫,防止带虫苗木传播。②发现定植苗木带有根结线虫时,将其挖出烧毁,并置换病株根际的土壤后再栽新苗。带虫的土壤,需经 50 ℃以上的高温消毒 30 分钟后再用。其方法是,于夏季高温季节,将有线虫的土壤放在水泥地上暴晒一周,一般均可达到高温灭虫的目的。

第二节 主要自然灾害的防御

对猕猴桃有害的自然灾害,有大风暴雨、冰雹、夏季干热风与深秋初冬的急剧大幅度降温和早霜、冬季-15 ℃以下的长时期持续低温和干冷风、干旱和倒春寒晚霜等。虽然这些因素在建园选址时应该加以避免,但在已建成园地还会遇到。所以,要认真做好防灾减灾的工作。

一、防御冻害

(一)猕猴桃的低温耐受能力

冻害也称为冷害和寒害。植物体发育的不同时期,对极端温度的耐受能力不同。猕猴桃休眠期对低温的耐受能力较强,生长期对低温的耐受能力较低。美味猕猴桃品种在冬季枝蔓进入充分休眠后,可耐-15 ℃以上的短期低温和-12℃以上的长时期持续低温;而萌芽后和落叶前,仅能忍受-1.5 ℃的短期低温和-0.5 ℃的长期低温。中华猕猴桃品种对低温的耐受能力低于美味猕猴桃。其对极端最低温度的耐受能力约比美味猕猴桃品种高 1 ℃～2 ℃,即在生长季和休眠季可分别忍受 0.5℃以上和－10℃以上的短期低温,以及 1.5℃以上和－8℃以上的长期低温。

(二)超限低温对猕猴桃的冻害

突然大幅度降温和超忍耐限度的低温对猕猴桃的危害,在早春表现为芽受冻,芽内器官不能正常发育,或已发育的器官变褐、死亡,导致芽不能正常萌发。或萌发的嫩梢、幼叶初期成水渍状,随后变成黑色,以至死亡。

深秋的冻害表现为来不及正常落叶的嫩梢、树叶干枯,变褐死亡,挂于树枝蔓上不脱落;未及采摘的果实,因果柄不产生离层,难以采摘,摘后不通过后熟期,果实细胞不分离,始终硬而不能食用。

休眠季节的冻害表现为枝干开裂,枝蔓失水,俗称抽梢或抽条,芽受冻发育不全,或表象活而实质死,不能萌发。有时候虽然温度降低程度没有达到上述指标,但伴随有低湿度和大风,俗称"干冷风",会导致严重枝蔓失水干枯,抽条,或大枝干纵裂,甚者全株死亡。

(三)预防或减轻冻害发生的方法

目前天气预报的准确度越来越高,从而对农时的指导性也越来越强。在预报有大幅度降温时,可采取以下措施预防或减轻冻害的发生。

1. 树体喷水 水在凝结时释放的热量可以缓解局部降温的急剧性,凝结后可起到保护作用。此方法适合于水凝结点 0℃以下的急剧降温情况。

2. 果园熏烟 用烟雾本身释放的热量和弥漫的烟雾作凝结核,使空气里的水汽凝结后释放出热量,缓解局部降温的急剧性。此法应用得比较普遍。注意熏烟时不能起明火。陕西发明一种好的熏烟法,是在用烟煤做的煤球材料中,加入废油,可使煤球能迅速点燃,但又不起明火,可用于防霜冻。只要每棵树下放置一块,效果就很好。

3. 喷用防冻剂 可供选用的防冻剂有螯合盐制剂、乳油乳胶制剂、高分子液化可降解塑料制剂和生物制剂。这些防冻剂在实践中喷用后,效果都不错。

以上熏烟、喷水和喷防冻剂三种方法,一定要在冻害来临前应用,否则起不到应有的作用。一般日温最低的时间段为夜里3～4点钟,故上述措施应在夜里0～1时进行。

4. 涂白、包裹与埋土 在深秋,用石灰水将猕猴桃树干和大枝蔓涂白;或用稻草、麦秸等秸秆将猕猴桃树干包裹好,外包塑料膜;或两者并用。特别要将树的根颈部包严,培土可以有效地防止冻害的发生。定植后不久的幼树,可以下架进行埋土防寒。

5. 入冬后灌水 水的热容量大,增加土壤中的水分也就增加了土壤中保存的热量,其热量可缓解急剧降温的不良影响。

6. 提高植株抗害性 栽植抗寒品种或用抗寒性砧木嫁接栽培品种,其砧木所产生的抗寒性物质输导到接穗品种组织后,能够影响和提高接穗品种的抗寒性。目前发现的抗寒砧木有软枣猕猴桃、狗枣猕猴桃和葛枣猕猴桃,以软枣猕猴桃应用较多,但主要用于软枣品种。用它嫁接中华猕猴桃和美味猕猴桃亲和性不好,生长势很弱。

二、防御干热风

(一)干热风的危害

猕猴桃枝蔓脆,叶子表面缺乏角质层,怕风,更怕干热风。干热风有三个指标,即气温30℃以上,空气相对湿度30%以

下,风速 30 米/秒以上。这三个指标中,30 ℃以上的高温对
猕猴桃生长不利,但不至于对猕猴桃的枝蔓影响特别大;而另
两个因子均为猕猴桃生长环境所忌讳的。三者加起来,就会
导致猕猴桃失水过度,新梢、叶片、果实萎蔫,果实表面发生日
灼,叶缘干枯反卷,严重时脱落。事实证明,北方 6 月份的干
热风,每次都给猕猴桃园造成极大的危害,如果没有有效的防
范措施,它便成为我国华北、华中、华东平原地区发展猕猴桃
的一个重要限制因子(图 8-2)。

图 8-2　干热风造成的叶片枯卷状

(二)防御措施

预防和降低干热风危害可采取以下措施:

1. 来临前充分补水　根据天气预报,在干热风将要来临
前 1～3 天,进行一次猕猴桃园灌水,让树体在干热风到来之
际有良好的水分状态,土壤和根系处于良好的供水和吸水状
态。有条件的地方,在干热风来临时,对猕猴桃园进行喷水。
如果能做到这两点,即可杜绝干热风的危害。

2. 挂鲜草,设风障 可在猕猴桃树上挂鲜草,鲜草的遮荫作用和干化过程中所散发的湿气,可以缓解果园内高温、低湿、高风速的不良环境状态。还可在果园迎风面的防护林上树立由塑料膜或草秸等构成的风障,减低风速。

3. 进行间作或生草 在常发生干热风的地区,可采取猕猴桃果园间作和果园生草栽培模式。草坪的降温和蒸发提高湿度的作用,可以很好地缓解干热风的危害。

三、防御暴风雨和冰雹

(一)危　害

暴风雨和冰雹的危害,主要是使嫩枝折断,叶片破碎或脱落,不能为树体制造赖以生存和结果的糖类(碳水化合物),导致当年和翌年的花量和产量减少。严重时刮落或打烂果实,或使果实因风吹摆动而被擦伤,失去商品价值。

(二)防御措施

农谚说"暴雨一小片,雹打一条线。",说明这两种自然灾害的发生有一定的规律,是可以在一定程度上预防的。进行预防首先要做好建园选址工作。自然界的大气流运动有一定的规律,冷暖气团急剧相遇引起暴风雨和冰雹。气团的运动除了受季风的影响以外,还受地面上水域,山脉,甚至小生态环境的影响。所以,其发生的地域有一定的固定性。建园时,一定要避开这些经常发生暴风雨和冰雹的地区。

其次,对于已经在时常有暴风雨和冰雹发生地区的建好的猕猴桃大型果园来说,生长季要特别注意当地的天气预报。这些果园及所在地应组织安装或调配防暴雨、防雹设施,如火炮、引雷塔和飞机等。小面积果园可以在果园周围设立柴油燃烧装置和驱雹火炮。当预报有暴风雨和冰雹时,专职人员应密切注意高空积雨云形成的强弱与运动方向。若积雨云为黑色，翻滚剧烈，来势凶猛时，就为暴风雨和冰雹的发生征兆。在积雨云层即将到来之前，点燃柴油，形成局部热空气，冲散积雨云；或发射高空防雹炮弹，以驱走或驱散雹云；或出动飞机，进行减灾性异地人工降雨；或在空旷水域、地域设置引雷塔，对暴风雨和冰雹的发生地域，以雷电进行定点引导。在法国、日本和新西兰等国，有的猕猴桃园还以小区为单位，设置防雨棚或防风防雹网。

四、防御日灼

采用大棚架整形的猕猴桃果园，一般不会发生果实和枝蔓的日灼病，因为果实基本上全在棚架下面。但是在"T"形架整形情况下，有果实外露现象，时有日灼发生。猕猴桃果实怕直射的强烈日光，如果在5～9月份，未将果实套袋或遮荫，直接暴晒在阳光下，就会发生日灼。其症状为果肩部皮色变深，皮下果肉变褐不发育，形成凹陷坑，有时有开裂现象，病部易继发感染炭疽等真菌病。预防猕猴桃日灼的措施为，从幼果期开始，对果实进行套袋遮荫，以降低日灼的发生率，提高商品果率。

五、防御涝灾

整个园地全部沉浸在水里的情况下，就会出现果园涝灾。一般情况下，园内设置的排水系统足以防范果园积水。

发生涝灾有两种情况，一种为暴风雨，另一种为连阴雨。暴风雨造成的灾害，已如本节的防御暴风雨与冰雹中所述，在此不作重复。

连阴雨引起土壤墒情过高和空气湿度过大，前者引起根系呼吸不良,容易发生根腐病,长期渍水后叶片黄化早落,严重时植株死亡;后者引起病害加重,裂果。特别在幼果期久旱,而膨大期遇连阴雨,裂果常有发生。

其预防措施是,干旱时注意灌水,使树体维持在一个较稳定的水分状态下,从而避免时而缺水,时而过度吸胀对生长的不良影响。而水涝时,一定要及时做好排水工作。

第三节　生长调节剂的标准化使用

食品的安全性,要求自然生态型的无害性和有益性的统一;不加任何人为改变的,顺应自然规律和条件生长的果品,是最理想的安全食品。不提倡在果品生产的任何环节添加植物生长调节剂。但是,在猕猴桃上,这条规定屡禁不止。原因是,其应用的效果比其他任何果树种类都明显有效。就是说,在同一种激素、同一种浓度下,猕猴桃的反应已经很强烈了,而别的水果却反应迟钝。换一句话说,以果实膨大剂为例,即使用了6~10毫克/升浓度的大果灵,猕猴桃的果实体积可以增大到1~1.5倍,而其他果品却毫无反应。加上大型猕猴桃果销售较好,从而造成了这种屡禁不止的局面。

除了果实膨大剂以外,猕猴桃还有一个应用植物生长调节剂的方面,就是用乙烯来催熟。

第一,果实膨大剂的使用。在猕猴桃上使用的果实膨大剂,主要是多效唑。其余均是多效唑与微量元素肥料和腐殖酸类促进植物健壮生长的营养物质的复配。

对于果实膨大剂,不提倡使用。如果使用,也要采用5毫克/升的低浓度喷施,而不是浸蘸果实的方法。同时,要加强肥水管理,以防止因树体供给果实营养不足而出现的果实品质下降。

第二,乙烯的使用。乙烯主要用于果品上货架前的催熟。近几年来,采用苹果、香蕉等乙烯释放量大的果品来催熟猕猴桃,因而现在已不再提倡直接用乙烯催熟猕猴桃。

第四节 无公害果品生产禁用和限用的农药

一、禁止使用和限制使用的农药

我国关于无公害果品和绿色果品的限定农药,因为标准制定得早,2000 年以前,所列出的农药名称大多属于国际上早已淘汰的(表 8-2)。

表 8-2 我国猕猴桃绿色果品标准的农药残留限量

项 目	指标(毫克/千克)	项 目	指标(毫克/千克)
砷(以 As 计)	≤0.2	敌敌畏	≤0.1
铅(以 Pb 计)	≤0.2	对硫磷	不得检出
镉(以 Cd 计)	≤0.01	马拉硫磷	不得检出
汞(以 Hg 计)	≤0.01	甲拌磷	不得检出
氟(以 F 计)	≤0.5	杀螟硫磷	≥0.2
稀 土	≤0.7	倍硫磷	≤0.02
六六六	≤0.05	氯氰菊酯	≤1
滴滴涕	≤0.05	溴氰菊酯	≤0.02
乐 果	≤0.5	氰戊菊酯	≤0.1

注:其他农药施用方式及其限量应符合 NY/T 393 的规定

2003 年以后,果蔬生产针对常用农药又推行限量使用农药标准(表 8-3)。

表 8-3 无公害果蔬生产限量使用农药的使用方法

农药名称(商品名)	常用剂量(倍液)	允许的最终残留量(毫克/千克)	最后一次施药距采收间隔期(天)	最多使用次数
50%辛硫磷乳油	1000~1500	0.05	30	1
20%丁硫克百威(好年冬)乳油	1000~2000	2	35	1
77%氢氧化铜(可杀得)可湿性粉剂	400~600	0.1	30	2
10%世高水分散颗粒剂	3000~4000	0.05	50	2
20%卡菌丹乳油	1000~1500	0.05	50	2
80%敌敌畏乳油	1000~1500	0.2	20	3
65%百菌清可湿性粉剂	400~600	5	30	2
20%功夫乳油	2000~3000	0.2	30	3
10%大富农可湿性粉剂	1500~2000	0.05	30	3
70%艾美乐水分散剂颗粒剂	6000~8000	0.05	30	2
72%农用链霉素水分散剂颗粒剂	4000	0.001	50	1

无公害猕猴桃园及其他作物禁止使用的化学农药,为表
8-4 所示。

表 8-4　无公害猕猴桃园及套作植物禁止使用的化学农药种类

种　类	农药名称
有机锡杀菌剂	三苯基氯化锡、毒菌锡、醋酸锡
取代苯类杀菌剂	五氯硝基苯
无机砷杀虫剂	砷酸钙、砷酸铅
有机砷杀菌剂	福美胂
有机汞杀菌剂	西力生、赛力散
氟制剂	氟化钙、氟化钠、氟乙酸钠、氟铝酸钠、氟乙酰胺
有机氯杀虫剂	滴滴涕、六六六
有机氯杀螨剂	三氯杀螨醇
卤代烷类熏蒸杀虫剂	二溴乙烷、二溴氯丙烷
有机磷杀虫剂	甲拌磷、乙拌磷、久效磷、对硫磷、甲基对硫磷、甲胺磷、磷胺、甲基异丙磷、治螟磷、氧化乐果(氧乐果)
氨基甲酸酯杀虫剂	涕灭威、克百威、灭多威
二甲基甲脒类杀虫杀螨剂	杀虫脒、苯甲脒
拟除虫菊酯类杀虫剂	所有拟除虫菊酯类杀虫剂
长残留除草剂	普施特、豆磺隆、甲磺隆、绿磺隆、阿特拉津、广灭录、阔草清、乙草胺、都尔
二苯醚类除草剂	除草醚、草枯醚
种衣剂	含有呋喃丹、甲胺磷的所有种衣剂

二、可供参考的欧盟、德国和日本 禁用与限用农药种类

鉴于我国的限制已经不能适应果品出口的需要,下面介绍 2003 年以后欧盟、德国和日本果品生产限制使用的农药,供标准化生产出口果品和无公害果品生产过程中调换药剂种类时参考。

(一)欧盟标准

1. 欧盟禁用 62 种农药 2004 年 1 月 1 日起,欧盟正式禁止含有化学活性物质的 320 种农药在境内销售,其中涉及我国正在生产、使用及销售的农药有 62 个品种。由于这些农药目前已广泛应用于水果、茶叶、蔬菜与谷物等生产中,因此,使用这些农药的农产品在出口欧盟时,就有可能被退货或销毁。

涉及我国 62 个品种的部分欧盟禁用农药清单如下:

(1)杀虫杀螨剂 杀螟丹、乙硫磷、苏云金杆菌 δ-内毒素、氧乐果、三唑磷、喹硫磷、甲氰菊酯、溴螨酯、氯唑磷、啶虫隆、嘧啶磷、久效磷、丙溴磷、甲拌磷、特丁硫磷、治螟磷、磷胺、双硫磷、胺菊酯、稻丰散、残杀威、地虫硫磷、双胍辛胺、丙烯菊酯、四溴菊酯、氟氰戊菊酯、丁醚脲、三氯杀螨砜、杀虫环和苯螨特等 30 种。

(2)杀菌剂 托布津、稻瘟灵、敌菌灵、有效霉素、甲基胂酸、噁霜灵、灭锈胺和敌磺钠等 8 种。

(3)除草剂 苯噻草胺、异丙甲草胺、扑草净、丁草胺、稀禾定、吡氟禾草灵、吡氟氯禾灵、噁唑禾草灵、喹禾灵、氟磺胺草醚、三氟羧草醚、氯炔草灵、灭草猛、哌草丹、野草枯、氰草津、莠灭净、环嗪酮、乙羧氟草醚和草除灵等 20 种。

(4)植物生长调节剂　氟节胺,抑芽唑,2、4、5—涕。

(5)杀螺剂　蜗螺杀。

2. 欧盟限制使用,而英国允许使用的农药　在欧盟禁用的 372 个农药有效成分中,目前英国仍有 61 个农药品种批准使用,其中有 20 个是中国生产的。它们是,杀虫剂:涕灭威,甲氰菊酯,氯菊酯和三氯杀螨醇;杀菌剂:戊环唑,苯菌灵,毒菌锡,甲霜灵,噁霜灵,三唑酮和代森锌;除草剂:莠去津,草净津,扑草净,西吗津,草除灵,稀禾啶,乙羧氟草醚和氟磺胺草醚。

3. 欧盟限制使用的杀虫剂　①丙胺磷、久效磷、氧乐果、甲拌磷、亚胺硫磷、磷胺、丙溴磷、喹硫磷、乙丙硫磷、特丁磷、丙硫磷、打杀磷、三唑磷、乙酰甲胺磷、倍硫磷、杀扑磷、速灭磷、对硫磷、甲基对硫磷-5、辛硫磷;②丙烯菊酯、反丙烯除虫菊、甲氰菊酯-5、胺菊酯;③氯氟氰菊酯、氰戊菊酯、氯菊酯-5、氟氰戊菊酯;④杀螟丹、甲氧滴滴涕、三氯杀螨砜、林丹、残杀威、涕灭威、Bt、啶虫隆、蚜灭多、杀螨隆、氟铃脲-5、双甲脒。

4. 欧盟限制使用的杀菌剂　有拌棉醇、戊环唑、多硫化钡、地可松、稻瘟灵、五氯酚、石炭酸、井冈霉素、噁霜灵、苯菌灵、甲霜灵、土霉素、链霉素、五氯硝基苯、十三吗啉、代森锌、毒菌锡和三唑酮。

5. 欧盟限制使用的除草剂　有丁草胺、苯噻草胺、异丙甲草胺、丙草胺、莠灭净、莠去津、草净津、三氟羧草醚、乙羧氟草醚、氟磺胺草醚、草除灵、六嗪酮、喹禾灵、喹啉酸、咪草烟和醚磺隆。

6. 欧盟限制使用的植物生长调节剂　氟节胺。

(二)德国标准

德国农药使用的新标准于 2002 年 11 月 20 日颁布,2003

年开始执行。德国的新标准包括了 146 种农药和有关化合物。在这些标准中只有 15 种农药的 MRL 标准松于仪器最小检出量,而采用仪器最小检出量作为 MRL 标准的有 133 项,占总数的 89.7%。146 项标准,有 131 种农药的标准在 0.1 毫克/千克或<0.1 毫克/千克,只有 15 种农药≥0.2 毫克/千克。新标准绝大部分和 2002 年的标准一样,但有 3 种农药的 MRL 标准进一步严格,乐果由 0.2 毫克/千克变为 0.05 毫克/千克,丙体六六六由 0.2 毫克/千克变为 0.05 毫克/千克,氯菊酯由 2 毫克/千克变为 0.1 毫克/千克。值得注意的是,在德国已颁布的 15 种农药的 MRL 是按照毒理学评估制定较合理的标准外,其余的农药包括未包括在这 146 种农药在内的其他农药,也都将按 LOD 作为 MRL 标准,这对我国向德国出口将是一个巨大的压力。

除了德国外,其他欧盟国家,如荷兰、法国等,基本上按欧盟标准执行。

(三)日本限制使用的农药

日本 2003 年 3 月颁布的农药 MRL 标准,包括有 121 种农药。它所制定的标准是按照世界卫生组织颁布的 ADI 值,在风险性分析的基础上产生的。以菊酯类农药为例,在 13 种菊酯类农药的 MRL 标准中,有 11 种在 10~25 毫克/千克,只有生物苄呋菊酯为 0.1 毫克/千克,氰戊菊酯为 1.0 毫克/千克。在 17 种有机磷农药中,有 10 种 MRL 标准大于 0.3 毫克/千克,另有 7 种在 0.1~0.2 毫克/千克。可见日本的 MRL 标准是比较宽松的,也符合联合国的 CAC 会议精神。许多农药的 MRL 标准甚至比我国的标准还要宽松。但值得注意的是,日本的《食品卫生法》,于 2003 年底颁布。该法案规定凡是在标准中没有包括的农药,如果在食品中有检出,就作为不符合食品卫生法处置。这是一个值得注意的动向。

三、把好绿色和无公害果品的安全关

农业部提出的"无公害水果",我国国家质量监测总局公布了无公害水果的国家标准,2001年10月1日起开始实施。两者的主要特征是农药残留量不超标,环境无污染,种植过程完全按照规定有计划地用药施肥。要求把好"三道关":

第一,生产基地的认证关。对土壤、水源与空气等生产环境质量进行检测。即土壤中残效期长的有机氯和剧毒农药的含量,以及汞、铬、镉、铅等有毒重金属和砷等元素的含量是否超标。所用的水源和周边空气是否已被污染或存在污染源,只有这些环境条件符合生产无公害水果的要求,才能作为无公害的水果基地。

第二,果品生产过程中的管理关。禁止使用残留期长的有机氯、有机砷农药和剧毒的农药如1605、1059和3911等农药。使用对人、畜较安全的波尔多液、石硫合剂、灭幼脲、杀灭杆菌与性引诱激素等农药。对肥料的使用要根据土壤的含量和果树的生长发育期适量使用。尽量多施有机肥、控制施用化肥。

第三,果品进入流通领域中的检测关。经认证的无公害果品生产基地生产出来的果品,在进入流通之前,必须经过无公害检测。经检测并符合无公害要求的果品,才能给予标签,准予投放市场。质量检验部门对市场上的无公害水果进行抽查,一旦发现冒充无公害水果的不合格产品,则将对其生产单位进行处理,直至取消该单位关于无公害水果的认证,从而保证无公害水果真正对人体和环境无毒无害。

第九章　标准化采收、处理与贮藏

第一节　猕猴桃的标准化采收

猕猴桃果实成熟期分为三个阶段:一是采收成熟期,即生理成熟期;二是生理后熟期;三是食用期。在生理成熟期,果实内各种营养物质的积累量,能够达到成熟时的要求。采收后,经过后熟,能够充分表现出本品种固有的风味和营养水平。这一阶段采收的果实不松软,细胞没有分离,而且所含淀粉未完全分解成糖,氨基酸水平也较低,蛋白质酶原不能分解蛋白质,因而果实口感既硬又酸涩。如果把果实放置一段时间,上述养分分解和细胞解离完成后,果实口感即松软适度,酸甜可口,具有本品种固有的风味,果实即到了后熟期。

猕猴桃果实后熟期的自然完成,主要靠果实内部产生的乙烯类物质的作用。乙烯刺激果实呼吸增强,加速淀粉分解成糖,蛋白质分解成氨基酸,提高了可溶性固形物含量,并且使细胞壁解离。这样猕猴桃果实即到了食用期。外源乙烯类物质也能起到同样的作用。

因此,通过对此类物质的控制,可实现对果实后熟期的调控。在贮果环境中,增加乙烯含量,可以缩短后熟期,即催熟;减少含量,特别是将果实内部产生的乙烯类物质排除掉,则可抑制果实后熟,达到长期贮存的目的。需要食用或销售果品时,给予一定量的乙烯处理,即可使果品很快进入食用期。根据以上果实采收前后的生理生化变化机制,可对猕猴桃实施科学的采收、处理和贮藏。

　　猕猴桃果实从采收到商品化,包括采收期的确定、采收、分级和包装四个环节,忽视任何一个环节都会影响经济效益。猕猴桃果实不能像桃、李等果实一样,到了食用期再采收。其原因一是猕猴桃食用期较短,如果充分成熟后采收,经过采收、包装和运输等环节,到达消费者手中时,往往过了食用期。二是食用期果实已经软化,采收运输都不方便。三是晚熟猕猴桃在树上等到完全成熟,则季节已经很冷,如果−3℃以下的时间较长时,果肉细胞不能解离,影响可食用性。四是采收过晚,果实在树上滞留时间愈长,消耗树体营养愈多,影响树体当年营养积累,进而影响第二年萌芽后的养分供给。所以,为了让猕猴桃果实以良好的状态出现在消费者面前,对猕猴桃适宜采收期的确定和采收后进行较完善的技术处理,是十分必要的。

一、采收期的确定

　　目前,我国广大猕猴桃种植户确定采收期,一是有果品经营商收果;二是切开果实观察种子是否变色。科学地讲,确定采收期主要依据果实内部糖、酸、维生素 C、氨基酸和蛋白质等生化物质,即可溶性固形物含量。为增加猕猴桃果品的市场竞争力,我国的猕猴桃采收指标为可溶性固形物含量6.5%,达到这个标准的猕猴桃即可采收。

二、采收方法

(一)采收要求

　　果实采收应做到以下十点:①采收前 15 天内,果园不能喷任何农药、化肥和其他化学制剂。采前 5 天内果园不能灌水。②不能在果实表面雨水或露水未干时采收。③采果人员必须剪指甲，带软质手套。④果筐、果箱内必须加软质内衬，如草秸、纸垫和棉胎等。⑤采摘时，先将果实向上推，然后轻轻回拉，使其自然脱落。⑥分品种采摘，或分品种放置，不能将不同品种的果实混放在一起。⑦分级采摘，先采大果，后采中果，再摘小果，最后扫清不能销售的病、虫、残、次、畸形果，以减轻分级工作量和节省时间，避免大量分级时果实之间的多次摩擦与碰撞。⑧采摘后必须在 24 小时内分级包装完毕，开放入冷库。来不及分级包装的果实，连同运果筐一起入冷库或预冷房进行预冷。⑨在采摘、运输、分级和包装过程中，应尽量减少倒筐、倒箱次数，避免不必要的摩擦和损伤。⑩运载工具不要使用颠簸大的拖拉机，并注意提前修平道路，在非水泥、柏油路上应减速缓行。

（二）实施采收

1. 采前准备　采果之前，必须做好充分的准备工作，以利于整个采收作业程序的顺利进行。①要随时实地检测果实成熟指标，未达到成熟指标的不能采收。②对采收人员要进行培训，使了解猕猴桃的生理特性，采收质量对采后处理的影响，以及采收作业要领。③应准备好各种采收、包装器具和运输工具，如采果袋（篮）、果箱、运果车辆等。④指定专人从事采收、包装、运输的组织管理工作，保证采后鲜果具有良好的质量。

2. 采收标准　采收果实是猕猴桃栽培生产的最后一个环节，也是果实商品处理的最初一环。果实采收时间的早晚，对产量、品质和贮藏性状都有很大的影响。采收过早，果实尚未充分成熟，个头小，产量低，品质差，不耐贮藏。采收过晚，可能会增加落果和机械损伤，果实衰老快，贮藏期短。只有适时采收，才能获得优质果品和较高的产量。确定猕猴桃的最适采收期有多项指标,如花后天数、内源乙烯含量以及积温等。但是,目前一般认为较为方便和准确的方法,是测定果肉可溶性固形物的含量,测定仪器是手持糖量计。由于采后目的不同,采收时所需要的可溶性固形物的含量也不同。对用于贮藏和远销的果实,采收时一般可溶性固形物含量以 6.5%～8.0% 比较适宜。若以短期贮存或就地销售鲜果为目的的,则采收时的可溶性固形物的含量可提高到 8% 以上。这种猕猴桃软熟后的品质更佳,风味更浓;其缺点是不耐久藏。

3. 采收作业 猕猴桃的外部有一层密布绒毛的表皮,它是果实免遭损害的一层天然屏障。一旦皮层受损,果实就容易受病菌侵袭,给贮藏带来困难。因此,整个采收过程的关键,就在于使猕猴桃果实尽量避免一切机械损伤,保证果实的完整无损。

为达到这一目的,在采收前应对采收人员进行基本操作技能训练,并准备好必要的采果袋、采果篮、果盘和运输工具等。采果袋是猕猴桃采收的重要工具之一,它由椭圆形金属环、背带和帆布袋三部分组成。金属环直径 35 厘米左右,帆布袋长 60～80 厘米不等,背带根据采果人员的高低可自行调整,以方便于操作为好。采果时,将布袋向上折叠,用铁钩将布袋挂在金属圆环的两侧。装满果实后,取下铁钩,帆布袋的底部自动落入箱内,果实也被装入箱中。这样,可以大大减少果实的碰压伤,为以后贮藏打下好的基础。

采收猕猴桃鲜果的要领如下:

第一,采果顺序应先下后上,先外围后内膛,不得强拉硬拽,以免损伤枝条,影响第二年的产量。

第二,采果时必须认真细心地进行作业,做到轻摘、轻放、轻装、轻运和轻卸,并且严防烈日暴晒、雨淋和鼠害等。采果容器内壁应衬垫柔软物品,以防损伤果实。

第三,阴雨天、露水天和浓雾天,不得入园采果。高温的中午也应避开。

第四,对于"T"形架,不同植株或同一植株上不同位置的果实,有时不同时成熟,需要分别检测可溶性固形物含量,并分期分批进行采收。这样,既可提高鲜果品质,又可提高产量,更有利于长期贮藏和增加收入。

第二节 果实标准化处理

一、鲜果采后的田间处理

采后的田间处理,是猕猴桃鲜果向商品转化的开始,也是决定鲜果采后品质好坏和商品质量的基础。果实从树上摘下之后,一般直接卖给收购商的,都在田间进行初步分级和选果,并在通风阴凉处散发田间热,清除一切与销售无关的杂物及伤、残、病、劣、畸、污、腐果。同时,还应贴好标签,做好记录。

二、装箱和短途运输

果实采收之后,在田间即应将其装入有孔木箱、塑料箱或硬质纸箱中,然后用人力或机动胶轮车,将猕猴桃运至包装场,并保证在整个装卸、运输过程中,不产生任何机械损伤。集中贮存或远途运输的鲜果,运到包装场后即可进行挑选和分装,然后码垛入贮或装车。有些贮藏库采用直接入库贮藏,待出库时再行选果和分装。但是,由于伤残果释放乙烯,会对正常果产生催熟效应,一般不要采取这种方式。

三、分 级

猕猴桃和其他鲜果一样,大批量果实采后必须进入包装场,进行除杂、分级和包装等。根据猕猴桃的果品特性和贮运要求,其分级操作如下:

(一)去 杂

除去病、残、伤果和畸形果,以及不适于贮藏的其他等外果和杂物。

(二)准备包装箱盘

根据猕猴桃的品种、大小和形状,准备好各种规格的果箱或单层果盘,箱盘的形状和规格应以方便贮运、有利于营销为目的。

(三)实施分级

1. 分级标准 猕猴桃的分级一般按重量,分成若干级与按体积分级差异不大。外销或远销的优质果品单果重多在100~120克之间。用膨大素处理的特大果不许进入优质果系列。一般一级果为90~99.9克,二级果为80~89.9克,三级果为70~79.9克,69.9克以下和140.1克以上为等外果(表9-1)。

表 9-1 猕猴桃果实分级标准

级 别	平均单果重(克)
特一级	120.0~140.0
特二级	100.0~119.9
一 级	90.0~99.9
二 级	80.0~89.9
三 级	70.0~79.9

我国陕西和四川用分拣线分级包装的猕猴桃果品,也可采用新西兰的分级包装标准,即 8 个级别。

2. 分级方法　机械分级以重量为标准,从小到大,依次排列。果实通过时,从大到小落入不同级别的槽中,进入下面的果箱中。人工分级所持分级孔板较小,上面有不同级别规格的孔眼各 1~2 个。分级时,一手持分级孔板,一手将果实试孔,操作较慢。但人工分级有两大优点:一是可先进行目测分级,目测拿不准的再进行试孔分级;二是人工操作拿放轻盈,减少了果实的摩擦、碰撞和损伤。现代化的分拣包装间、分拣线和检查伤残果的果实光学检测探头见图 9-1。

图 9-1　现代化的分拣包装间、分拣线和果实光学检测探头

我国目前以人工分级为主要方式。分级工作最好在入库前完成。所以,应根据人力的多少,安排每天的采果量,做到当天采果,当天分级,采后 24 小时内入库。这样,对提高果实的贮藏性和延长商品果的货架期,非常有益。

　　猕猴桃鲜果在包装之前一般不需脱毛。如遇个别多毛品种需进行脱毛处理,可在分级之前,通过滚动毛刷将部分绒毛去掉。然后通过重量分级,自动或用人工将果品放入不同的包装容器中。但是应该指出的是,脱毛处理往往降低果实的贮藏性能。

　　包装场必须组织严密,工作有序,果实经采收、分级和包装,直至入库降温,全部操作过程应在 2 天之内完成,24 小时内完成最好。

四、果品包装

　　猕猴桃营销领域的包装,是采后商品处理的最后程序。包装与标志结合起来,不仅可以保护果品和便于销售,更是宣传产品和吸引消费者的一种媒介和载体。没有包装或包装低劣的产品,不可能成为名牌产品。因此,不重视包装就不会有强劲的市场竞争力。

　　猕猴桃果品的包装应符合以下六个要求:其一,猕猴桃果实为浆果,害怕摩擦、碰撞和挤压,要求包装物有一定的抗压强度;其二,猕猴桃果实为容易失水类型的鲜活体,要求包装材料要有一定的保湿性能,又能兼顾其呼吸,以免其缺氧呼吸,发酵变质;其三,猕猴桃果实有后熟阶段,常温下贮藏性能较差,对乙烯又极为敏感,要求包装材料对气体具有选择透性,并有利于延长后熟期和延缓催熟两方面技术措施的实施;其四,猕猴桃含有较多的维生素 C 和蛋白酶类,一次不宜食用太多,它又是有利于健康的相宜礼品,故每件包装不宜太大,或采取大包装套小包装的形式;其五,包装要有艺术性,美观、大方、漂亮,底色图案要突出猕猴桃的特色;其六,标志要鲜明醒目,要体现出商品性,注册商标、价位、果实的规格(等级)、重量、数量、品种名称、生产者的名称、产地、经营单位、出库期、保质期、食用法、营养价值、安全性（包含绿色水果所规定的各种有害物质的量）和联系电话等，都要明确标出。真正做到货真价实，质量取胜。在竞争中求生存，发展中创名牌。

目前，我国猕猴桃的包装也多为小型纸箱、单层托盘或包装盒，也有用塑料袋或纸袋等进行简易包装的。无论采用何种包装形式，都应以有利于流通、方便消费者为前提。

如果采用先包装后贮存方式，则分级与包装可同时进行，并实行流水作业。

我国目前还多用手工包装。较好的包装有硬纸箱和塑料箱。有仿新西兰托盘式的，有采用"礼品盒"式的，还有2～10千克的果品散放箱装式包装，一层果垫、一层硬纸板。对于猕猴桃高档果品，可以采取大包装套小包装的方式进行包装。即用透明硬塑料压制成2～8个果实的、带果窝的小包装盒，即仿一次性快餐包装盒，再按不同大小的外包装，将2～8盒装为一箱。这样既能保证果品在不断倒手过程中，免遭或少遭损伤，既可减少果品贮藏期的病害传染，又能让消费者根据每日或每次需用量选购。

第三节　果实标准化贮藏、运输与催熟

一、果实贮藏

猕猴桃果实成熟有其季节性，但对于货架期短的鲜果，成熟期集中投放市场，必然导致低价倾销或倾而不销。所以，搞好猕猴桃果实的贮藏保鲜十分必要。有了贮藏手段，就可以人为地控制鲜果上市时间。贮藏包括预冷和贮藏两个阶段。

(一)预 冷

预冷,就是在猕猴桃果实进入贮藏、运输或加工之前,对它进行物理降温,除去果实田间热,使其温度迅速冷却至0℃左右的过程。预冷处理,对于提高果品的耐贮运性很有益处。预冷方式有气冷、风冷和水冷三种。其中,气冷又分为冷气预冷和冷库预冷。以冷气预冷效果最好,用得最普遍。

1. 冷气预冷 冷气预冷的工作原理是:将装有猕猴桃果实的大果箱,放入密闭的预冷间,果箱之间留有小间隔。然后,从预冷间的一边通入0℃～1℃冷气。通气时注意温度不能低于－5℃,否则会出现果实冻害。与此同时,从另一相对的方向端抽去热空气,或使气流上下垂直运动,让冷空气从托盘间经过,带走热量。在气流量为0.75升/秒·千克果时,将大果箱上果盘里的温度从室温降至2℃左右,约需8小时,而在常规冷库中则需7～10天。

2. 冷库预冷 将包装好的果实放在1℃温度条件下贮藏24小时,再转到0℃温度下贮藏。由于预冷和贮藏都在同一库内进行,温差小,冷热空气对流压力小,因而效率不高。

3. 水 冷 将果实放入0.5℃水中冷却,并使冷水以7～10升/秒·平方米的流量流动,大约25分钟就能使果实温度从20℃降至1℃。此法的优点是效率高,而且在预冷过程中,果实没有水分损失,而用其他方法则会使果实水分约损失0.5%。其缺点是,果实在包装前需要风干;若带水包装,则容易使果面上的病菌孢子萌发,引起贮藏期病害,并且影响果实外观。水冷还可与风冷结合应用。

4. 风 冷 在果实包装线的输送带上设一冷气槽,用0℃～1℃冷空气,以3～4米/秒速度从槽中流过,冷却输送带上未包装的果实,或已入盘但未加盖的果实。采用此法,一般可以在30分钟内使果实冷却到1℃左右。

我国农村目前还没有专门的预冷设备,一般利用自然冷源,如防空洞、窑洞以及昼夜温差,再加上抽风机等,也能收到一定的预冷效果。

(二)贮藏保鲜

猕猴桃果实为一个活体,从树上采摘下来以后,仍然进行着呼吸和营养物质转化等一系列生理生化活动,即需经历后熟阶段。贮藏的目的,就是通过人工控制,尽量减缓果实的后熟过程,从而延长和调节鲜果的市场供应时间。贮藏的原理是为果实提供一个维持最低生命活动的环境。影响猕猴桃果实贮藏的主要因素,有温度、相对湿度、氧气、二氧化碳和乙烯含量。其中低温、低氧、低乙烯和高二氧化碳浓度,对抑制果实呼吸和生命活动起主要作用;而高水平空气相对湿度能使果实保持新鲜。贮藏方法有气调冷藏、冷藏、通风库贮藏、地窖贮藏和聚乙烯薄膜加保鲜剂贮藏等。其中以气调贮藏最好。

1. 气调贮藏 气调贮藏是在冷藏的基础上,把果蔬放在特殊的密封库房内,同时改变贮藏环境中的气体成分的一种贮藏方法。这种贮藏方法,集生物、化学、机械建筑、电子和自动控制技术于一体,对鲜果贮藏的全过程进行调控,从而达到长时间贮藏保鲜和改善贮后品质的目的。它的选址、结构组成、设计与建筑、设备安装与调试、运行管理、检查、维护与保养,都由相应的专业人员来进行。在贮藏过程中,适当降低温度,控制相对湿度,减少氧气含量,提高二氧化碳浓度,可以大幅度降低果实的呼吸强度和自我消耗,抑制催熟激素乙烯的生成,延缓果实的衰老进程,达到长期鲜藏的目的。目前,国际市场上的优质猕猴桃鲜果几乎全都采用了气调保鲜技术。

贮藏猕猴桃时，最适宜的温度是 0℃±0.5℃。在猕猴桃入库前 7～10 天即应开机适度降温，至鲜果入贮之前使库温稳定保持在 0℃左右，为贮藏做好准备。果子在入库前应先行预冷，以散去田间热。入库初期，由于果实带有大量田间热，会使库温有所回升。因此，一次入库果品不宜过多，一般以库容总量的 10%～15%为好。这样不致引起库温明显升高，有利于长期贮藏。果实入库完毕，即应尽快在 2～3 天内将库温稳定在最适贮藏温度，不准再次出现回温或大的温度波动。

猕猴桃贮藏的适宜空气相对湿度为 90%～98%。由于换热器管路不断结霜和化霜，致使库内湿度降低，无法满足果品对湿度的要求。其解决的办法是，在设计冷库时冷风机要有较大的蒸发面积，缩小蒸发温度与库温之间的差距（如 2℃～3℃）。另一种办法是洒水增湿或安装加湿器，增加贮藏环境的相对湿度。第三种办法是把猕猴桃放在塑料薄膜袋内或帐内，提高局部环境的相对湿度，采用这种办法应配合使用乙烯吸收剂，降低乙烯的催熟作用。

空气相对湿度管理的重点，是管好加湿器及其监测系统。贮藏实践表明，加湿器以在入贮 1 周之后打开为宜，开动过早会增加鲜果霉烂数量，启动过晚则会导致水果失水，影响贮藏效果。开启程度和每天开机时间的长短，则视监测结果而定，一般以保证鲜果不明显失水，同时又不染菌发霉为宜。

在贮藏中，要搞好果品的质量监测。猕猴桃从入库到出库始终处于人工监控之下，定期对鲜果的外部感官性状、失重、果肉硬度、可溶性固形物含量和感染霉变等项指标进行测试，并随时对测定结果进行分析，以指导下一步的贮藏。

在猕猴桃贮藏中，要搞好安全管理。安全管理包括设备安全管理、水电防火安全管理、库体安全管理和人身安全管理等诸多方面。要特别强调的是库体安全和人身安全。保障库体安全,除防水、防冻、防火之外,重点是防止温变效应。在库体进行降温试运转期间绝对不允许关门封库。因为过早封库,库内温压骤降,必然增大内外压差,当这种压差达到一定限度之后,会导致库体崩裂,使贮藏无法进行。正确的做法是,当库温稳定在额定范围之后再封闭库门,进行正常的气调操作。

保证人身安全,主要是指人员出入气调库的安全操作。为杜绝事故发生,出入库人员必须做到:入库前戴好氧气呼吸器,并确认呼吸畅通后方可入库操作;入库必须两人同行;入库前,应将库门和观察窗的门锁打开,以便出现事故时开门急救;库外要留人观察库内操作人员的动向以防万一。猕猴桃出库操作必须确认库内氧气含量达到 18％ 以上或打开库门自然通风两天以上(或强制通风两小时以上),方可入库。

2. 冷库贮藏　这是在有良好隔热保温层的库房中,装有制冷降温设备的一种贮藏方法,是目前我国猕猴桃和其他果蔬贮藏的一种较好的贮存方式。这种冷库一般由冷冻机房、贮藏库、缓冲间和包装场四部分组成,其中制冷机械主要包括制冷压缩冷凝机组合和换热器(冷风机)两大部分。猕猴桃冷库以采用冷风机降温较好。盘管式直接冷冻效果较差。中小型冷库一般用氟利昂作为制冷剂,大型冷库则多用氨制冷。

(1)果品处理　供贮果品的采收指标,一般以果肉可溶性固形物含量为 6.5％～8.0％ 较适宜,过早或过晚采收都对贮藏不利。采后应立即进行初选分装,一切伤残果、畸形果、病虫危害果和劣质果,都不得入库贮藏。从采收到入库降温一般不应超过 48 小时。

(2) 库温控制 猕猴桃的最适贮藏温度一般是 0℃ 左右。在果品入库之前,库温应稳定控制在 0℃ 左右。果品入库初期,由于果实带有大量田间热,会使库温有所回升。因此,一次入库果品不宜过多。一般以库容总量的 10%～15% 为好,这样不致引起库温明显升高,有利于猕猴桃的长期贮藏。果实入库完毕,即应尽快将库温稳定在最适贮藏温度,绝对不能再次出现大的温度波动。

在果实出库上市时,如果库外温度过高,果实表面会出现凝结水珠,容易引起腐烂。果实出库时,采用逐步升温的办法,使果实在高于库温并低于气温的缓冲间(或预冷间)中先放一段时间,然后再出库上市,即可避免上述现象发生。

(3) 湿度调节 猕猴桃贮藏的适宜空气相对湿度是 90%～98%,湿度控制的方法与前述的气调贮藏相似。

有时冷库相对湿度偏高,果实表面会出现出汗现象,这是由于库门开闭频繁,库外暖空气进入冷库所引起的。解决办法是改善管理,控制果品出入库次数。也可用氯化钙、木炭和干锯末等物吸湿。

(4) 通风换气 冷库内果实进行呼吸作用,放出大量的二氧化碳和其他有害气体,如乙烯等。当这些气体积累到一定浓度时,就会促使果实成熟衰老。因此,必须通风换气。一般通风时间应选在早晨进行。雨天或雾天时,外面湿度较大,不宜换气。若条件允许,也可在库内安装气体洗涤器,清洗库内空气。这种洗涤器多用溴化活性炭或其他吸附性较强的多孔材料做成。

(5) 乙烯脱除 除掉冷藏库内乙烯的最好方法,是加装乙烯脱除器。若没有这种设备,可选用下面两种简易办法降低乙烯含量,但效果不够理想。一种是稀释法;另一种是吸收法。前者是将大量的清洁空气吸入库内,通过气体循环稀释并把乙烯带出库外。采用这一种方法,必须用无污染的清洁空气,并且在贮藏库内外温差较小时进行,以防止温度波动和果实失水。后者是采用化学的办法将乙烯脱掉。当前国内使用较多的办法是,用多孔材料,如蛭石、氧化铝、分子筛和新鲜砖块,作为载体吸收饱和的高锰酸钾($KMnO_4$)水溶液,沥干后做成小包,放入库内(或塑料袋和塑料帐内)吸收乙烯。有些地方把这种乙烯吸收剂叫做保鲜剂。一旦载体失去鲜艳的红色,即表明已经失效,应重新更换吸收剂。

(6)检测与记录　果实入库后,要经常检查果品质量、温湿度变化、鼠害情况以及其他异常现象等,并做好记录。发现问题,及时处理。猕猴桃在贮藏后期会出现一个品质迅速下降的突变阶段,果实应在这一阶段到来之前出库销售,以免造成损失。在贮藏当中,也可能有个别果实因种种原因提前发霉腐烂。一旦发现这种情况,即应及时拣出坏果,以免影响周围好果。

3. 低温气调帐贮藏

(1)贮藏设备　选择厚度为 0.2 毫米左右的透明聚乙烯作帐材,制成长方形的帐子,形似双人蚊帐。制作时,可根据贮果多少,适当放大或缩小,一般每帐贮果量为数吨。在帐子中部镶嵌一块大小适中的硅橡胶布小窗,开窗面积可根据贮果多少和库温高低而定。一般在 0℃存果 1 吨时,开窗面积为 0.4 平方米左右。

(2)气调帐安装　气调帐有帐底和帐顶两部分组成。安装时,根据贮果多少和堆垛高低,先选择一块稍大于帐底的长方形地块,挖一圈深、宽各 10 厘米左右的小沟,在沟上铺好帐底,帐底上面放些垫果箱用的砖块(注意不要刺破帐底)。然后将预冷的果箱放在砖上,码成通气垛,再将帐顶扣在垛上,下面与帐底紧紧卷在一起,埋入小沟内,用土压紧,以防漏气。帐上可开几个出气小孔,出气孔由自行车气门芯、胶管和铁夹组成,以便出气和密封。

(3) 管 理 猕猴桃的最佳贮藏条件是:温度为-0.5℃~0.5℃,相对湿度为 90%~98%,氧气含量为 2%~3%,二氧化碳含量为 4%~5%,乙烯微量或无。所有管理措施都应以达到或接近这一指标为目的。这种贮藏方法,应与机械冷风库或自然通风库(窖)配合使用,以保证有一个低而稳定的库温。塑料薄膜帐内一般湿度较大,不需另行加湿。气体的成分主要靠猕猴桃的呼吸作用和硅橡胶窗对氧和二氧化碳的通透性来调节。硅橡胶对二氧化碳的通透性比氧大 5~6 倍,因此,它有自动调节帐内气体成分的功能。为了准确掌握帐内气体成分变化,每 1~2 天应取气体作一次测定,所用仪器为奥式气体测定仪(又叫气体分析器)。发现二氧化碳过高,应及时补充新鲜空气,调节帐内气体成分。此外,还可在帐内放入吸有饱和高锰酸钾水溶液的新鲜砖块或蛭石,用来吸收乙烯和其他有害气体。

有些猕猴桃产区,将低温气调帐的自发气调改为快速充氮(选用碳分子筛制氮机)气调,同时也可部分脱除二氧化碳,取得了较好的效果,并在生产实践中得到应用,也不失为目前一种较好的保鲜方法。它的缺点是,帐内气体成分难以精确控制,而且缺乏乙烯脱除设施,贮藏效果不够理想,有时还可能造成一定的损失。

4. 低乙烯冷库贮藏 低乙烯冷库贮藏,是在冷库贮藏的基础上,增加一台乙烯脱除器,将库内乙烯浓度降至阈值(如0.02 毫克/千克)以下的一种贮藏方法。与低乙烯气调库相比,低乙烯冷库的最大特点是建库投资较少,而且便于操作和管理。一般将冷库稍加改造,即可成为低乙烯冷库,贮藏效果明显优于普通冷库。据河南省科学院生物研究所对 3 000 千克猕猴桃(秦美)的贮藏结果表明,鲜果贮藏 140 天的好果率为 98.8%,软腐率为 1.2%,货架期为 15 天左右。贮藏 6 个月,果肉硬度仍达 2.98 千克/0.5 平方厘米,可溶性固形物含量为 12.5%,果实外观新鲜饱满,风味正常。因此,该项技术是目前比较适合我国国情的一项实用技术,特别适于新鲜果品的产地贮藏保鲜。

5. 硅窗保鲜袋贮藏 硅窗袋贮藏猕猴桃的原理,与硅窗塑料帐相同,其区别在于这种袋子较小较薄,一般每袋贮果 5~10 千克,薄膜厚 0.03~0.05 毫米,比较适合个体户少量贮存。其缺点是,由于容积太小,袋内气体成分难以控制。因此,采用这种技术,要由用户根据本地气温高低、品种特性和采收时间的早晚,先行实验,取得经验后再扩大贮藏量。其贮藏方法是,选择成熟度适中的无伤硬果放入袋内,置于阴凉处过夜降温后放入少量乙烯吸收剂,扎紧袋口,放在低温处贮藏。

6. 塑料薄膜袋贮藏 这种方法与硅窗保鲜袋相比,除缺少一个硅橡胶窗之外,其余大小、规格皆与硅窗袋相似,因此,也就更为简单。一般选用 0.03~0.05 毫米厚的聚乙烯薄膜自行加工。每袋贮果 5~10 千克不等。所要注意的是:第一,必须选择优质硬果进行贮藏;第二,要与降温措施配合使用;第三,需加入乙烯吸收剂并经常更换;第四,当袋内氧气含量过低、二氧化碳含量过高时,应开袋透气加以调整,以防坏果。

7. 松针沙藏 猕猴桃的松针沙藏,是一种简单易行的分散贮果方法,适于短期贮存和个体经营。它具有通风透气、易于保温和消耗较小等优点。贮量可多可少,极为方便。具体做法是,先将采收的猕猴桃放在冷凉处过夜降温,然后把果子放入铺有松针和湿沙的木箱或篓筐中,放一层果实,铺一层松针湿砂,直到装满为止。然后,把装果箱篓放在阴凉通风处存放。

(三)猕猴桃贮藏保鲜注意事项

第一,影响猕猴桃贮藏效果的主要因素之一,是品种特性和栽培区域的选择。供贮鲜果应根据市场需求在适生区域栽培优良品种,再配以良好的田间管理,力争达到优质、高产、低成本和耐贮藏的最佳效果。

第二,严格控制采收指标。以海沃德和秦美两个品种为例,供长期贮藏的鲜果采收时果肉可溶性固形物含量应在6.50%～8.00%之间,果形良好,单果重70～120克。

第三,杜绝机械损伤。从采收到出库销售的全过程,对猕猴桃鲜果都应坚持轻拿、轻放、轻装和轻卸,不能出现擦伤、碰伤或跌伤等任何形式的机械损伤。

第四,猕猴桃是一种具有典型呼吸跃变的特殊浆果,对乙烯特别敏感,因此,贮藏环境中的乙烯必须脱至该品种的阈值(即临界值)以下,否则果实将提前衰老腐败。

第五,不得将猕猴桃与苹果、香蕉等释放乙烯较多的果品共贮,也不能与洋葱、大蒜等有较大异味的果蔬共贮。贮藏场所应远离污染源。

第六,猕猴桃鲜果采前不得使用膨大素(即细胞分裂素、KT-30)或类似的激素处理,以确保供贮果品的质量。

二、果实运输

果实运输,包括从果园到包装厂(场),从包装厂(场)到贮藏库,以及从贮藏库到销售地。入库前运输,特别是从田间到包装厂(场)的运输,不能使用拖拉机。此阶段果实散装,道路不平整时,会使果实间碰撞和摩擦,造成损伤,要尽量避免。在田间土路上运果,应以人力挑运为主,而且要轻起轻放。在柏油、水泥路上运果,可使用电动车在电瓶车进行低速运输,以防乙烯催熟果品。猕猴桃出库后的运输,一般为长途运输。长途运输猕猴桃,最好采用集装箱和冷藏车(或冷藏船)运输(图9-2)。如用纸箱包装运输,则箱体不宜太大,一般以10千克以下为宜。堆放不宜太高,以防压坏果品。

图9-2　果实运输

三、催熟处理

猕猴桃果品零售前或其后,需经催熟处理,消费者买到果实后才享用。对于美味猕猴桃果品,常用催熟办法为:①用乙烯利1000毫克/升溶液浸果2分钟。处理后,经过3~7天即能达到食用状态。②逢年过节大量处理果品时,将其暴露在乙烯浓度为100~500毫升/升的房间内,于15 ℃~20 ℃的温度条件下,放置3~7天,即可催熟。③成箱销售时,每箱送一张吸附乙烯利液的滤纸,加速果实的催熟。④最好的办法是,将2~3个苹果或香蕉等乙烯释放量大的水果,放于猕猴桃塑料袋内,封口2~3天,即可食用。但一般消费者所买到的猕猴桃大多已出库10多天,这样的果品已开始软熟,消费者买后不需要任何处理,只选软熟的先食用即可。另外,中华猕猴桃一般出库后3~5天,便会自然软熟,也无需处理。

第十章　落实猕猴桃的质量标准

一、优良品质是猕猴桃生产的生命

果实是果树生产的成果，果实质量如何，是果树生产水平的标志，猕猴桃标准化生产的成果，应当是安全优质的猕猴桃果实。只有安全优质的果实，才能被消费者所欢迎，成为畅销的商品。果实优质了，畅销了，才能产生良好的经济效益，猕猴桃生产也才能得到不断发展。从这个意义上说，果实的安全优质，是猕猴桃产业的生命。充分认识质量标准的重要性，严格把握质量标准，按照质量标准的要求，进行栽培管理，生产出又多又好的符合标准的猕猴桃果实，满足人们的需要。不仅如此，还要以标准为尺度，检测果实，总结生产，提高技术，更好地开展猕猴桃标准化生产，使猕猴桃果品的质量和数量，得到进一步的提高。生产要求优质，优质推动生产，二者形成螺旋式良性循环，不断发展和提高。

二、猕猴桃果实品质构成及制约因素

猕猴桃果实的品质，与别的果实一样，不是抽象的，而是生动具体的。它可以看得见，摸得着，闻得到，品到味。也正是因为这样，品质优良的猕猴桃果实，可以让消费者一下就能认出，很快就能肯定。

猕猴桃果实的品质，包括外观品质和内在品质两个方面。就外观品质而言，它是指果实大小、形状、颜色和整齐度等；内在品质是指果肉色泽、质地软硬、营养含量、风味好坏、气味情况、贮运性状和卫生安全性状等方面。这些方面的优劣程度，是猕猴桃果实品质的好坏的标志。这些方面越是优良，果实的品质就越好，就越能受到消费者的青睐。

构成猕猴桃果实品质的诸多方面，其优劣程度，与品种特性、生态环境、肥水供给、整形修剪、花果管理、病虫害防治及采收贮运等方面密切相关。要通过果实的质量分析，透视栽培管理的科学与否。相反，要通过改善栽培管理技术措施，提高果实的品质。

三、优质猕猴桃质量标准

(一)优质鲜果质量标准

我国农业部委托中国农业科学院郑州果树研究所制定了猕猴桃商品果试行标准。这个标准规定了猕猴桃果的大小等级、采收成熟度、贮藏性能、维生素C(VC)和可溶性固形物含量、包装运输要求和允许损坏的程度。适用于生产、销售、管理和科研部门参考使用。

1. 果实大小 鲜食果的单果重不小于 50 克。单果重 100 克以上为一级果，100～85 克的为二级果，84～70 克的为三级果，69～50 克的为四级果。

2. 采收成熟度 果实必须完成充分的成熟过程。采收时的成熟度与贮藏、运输、终点站市场货架期密切相关。不同的品种有不同的适宜采收期，一般而言，可溶性固形物含量必须达到 6.50％时才能采收。

3. 贮藏性能 鲜食果实用农用地膜单个包裹存放。中华猕猴桃在日最高气温 30 ℃以下时可存放 7 天以上；在25 ℃以下存放 10 天以上；在 0℃～2℃冷藏条件下可存放 3 个月。美味猕猴桃在上述三种温度条件下分别可存放 10 天、14 天和 5

个月。加工用果实在筐装条件下,在日最高温度为 30 ℃ 以下时,可存放 5 天;在 0 ℃～2 ℃冷藏条件下,可存放 1 个月。

4. 维生素 C 含量　每 100 克鲜食果果肉维生素 C 含量在 60 毫克以上,加工品种每 100 克鲜果肉维生素 C 含量在 100 毫克以上。

5. 可溶性固形物含量　果实经后熟之后(可以直接食用的时候),果肉的可溶性固形物含量,14.5%(折光仪测定)以上者为一级果,14.4%～13.5%者为二级果,13.4%～12.0%者为三级果。

6. 检疫要求　(1)无检疫的病害和害虫;(2)无昆虫咬伤的新鲜伤疤。疵点的限量标准见表 10-1。

表 10-1　猕猴桃果实疵点的限量标准

疵　点	损伤限量	严重损伤限量
刺　伤	果实有轻度刺伤,变色果肉深度在 0.3 厘米以下	果实刺伤,变色果肉深度在 0.3 厘米以上
擦　伤	果实表皮被叶片或枝条擦伤,表皮光滑,色淡,伤疤直径在 1 厘米以下	果实表皮被擦伤直径在 1.1 厘米以上
冰雹伤害	未愈合的伤口长度在 0.5 厘米以下,深度在 0.3 厘米以下	未愈合的伤口的长度在 0.6 厘米以上,或深度在 0.3 厘米以上
生长裂口	标准同冰雹伤害伤疤	标准同冰雹伤害伤疤
早期日灼伤	表皮暗褐色、碎裂、隆起,伤疤直径在 1 厘米以下	表皮症状同左,伤疤直径在 1 厘米以上(注:后期日灼伤,皮色变红褐,下陷,受伤果肉软腐,此类受伤果不允装箱)
虫咬伤疤	一个果有 1～3 个虫斑	一个果有 4 个以上虫斑

注:不允许装箱的果:①鸟害果;②有活虫的果;③虫孔周围果肉变质的果

(二)卫生安全标准

目前,猕猴桃的卫生安全标准,主要执行的农业行业标准(NY/T 425-2000)是"绿色食品 猕猴桃"的安全标准,本标准适用于 A 级绿色食品,亦即无公害食品猕猴桃的生产和流通。

1. 理化要求 猕猴桃理化要求应符合表 10-2 规定。

表 10-2 猕猴桃理化要求

项 目	指 标	
可溶性固形物(%)	生理成熟果	≥6
	后熟果	≥10
总酸量(以柠檬酸计,%)	≤1.5	

2. 卫生要求 猕猴桃的卫生要求应符合表 10-3 规定。

表 10-3 猕猴桃卫生要求

项 目	指 标	项 目	指 标
砷(以 As 计)	≤0.2	敌敌畏	≤0.1
铅(以 Pb 计)	≤0.2	对硫磷	不得检出
镉(以 Cd 计)	≤0.01	马拉硫磷	不得检出
汞(以 Hg 计)	≤0.01	甲拌磷	不得检出
氟(以 F 计)	≤0.5	杀螟硫磷	≥0.2
稀 土	≤0.7	倍硫磷	≤0.02
六六六	≤0.05	氯氰菊酯	≤1
滴滴涕	≤0.05	溴氰菊酯	≤0.02
乐 果	≤0.5	氰戊菊酯	≤0.1

注:其他农药施用方式及其限量应符合 NY/T 393 的规定

四、在落实优质标准中不断
发展猕猴桃果业

猕猴桃产业标准化的过程，是一个长期的过程，包含了标准化技术的试验、总结、验证和修正，以及相关标准的制定和修正，因而需要在实施过程中不断的加以改进和完善。

我国猕猴桃产业出口量很少的原因，主要为果品质量的标准化程度不够高。为了提高猕猴桃的产量和质量，更好地满足人们的需要，同时也增加出口量，应当在产地选择、生产管理过程、生产资料使用、产品的采收与贮运、安全质量的检测管理等方面，采用和落实猕猴桃的标准化生产技术，加速我国猕猴桃产业的标准化进程，不断提高猕猴桃果品质量，赶上世界先进水平。

附录　猕猴桃栽培周年管理工作历

节气	管理内容
立春 — 雨水	1. 复剪,绑蔓。后期去除防寒物。注意防止倒春寒 2. 视旱情灌水 3. 苗圃整地。幼苗嫁接 4. 新建园补栽。改造利用野生资源,高接换头 5. 萌芽前 15 天左右,对全园,包括防护林,喷一遍 3～5 波美度石硫合剂
惊蛰 — 春分	1. 复剪,绑蔓,抹芽,摘心,扭梢,打顶 2. 萌芽后施肥,灌水。对清耕制果园锄草,在生草制果园栽种草皮,对覆盖果园进行草秸覆盖,间作制果园种植春季间作物 3. 进行育苗播种;或温室育苗移栽,浇水,遮荫 4. 萌芽后喷一遍 0.3～0.5 波美度石硫合剂
清明 — 谷雨	1. 绑蔓,抹芽,摘心,扭梢,打顶;花期授粉。间作物管理 2. 花前施肥,灌水 3. 喷布防虫防病生物药剂,人工捕捉金龟子。对衰老树刮除腐烂病斑,局部涂药 4. 进行苗圃地锄草,浇水,施肥;移栽苗嫁接
立夏 — 小满	1. 进行夏季修剪:拉枝,绑蔓,抹芽,摘心,扭梢,打顶,短截;旺长树局部环剥、环割、倒贴皮、造缢痕;花后进行雄株修剪,疏果和果实套袋。管理间作物 2. 进行苗圃地锄草,浇水,施肥,移栽,遮荫,搭架,拉铁丝和绑蔓。对移栽苗进行嫁接,以及嫁接后解绑与抹芽 3. 视病虫害发生情况进行防治。注意防治蛾类幼虫和成虫。设立灯光诱杀,化学诱杀点。人工捕捉金龟子 4. 进行果实膨大期施肥灌水。根据缺素症状进行根际追肥或叶面喷肥 5. 注意排水防涝渍

续附录

节气	管理内容
芒种 — 夏至	1. 进行夏季修剪:拉枝,绑蔓,抹芽,摘心,扭梢,打顶,短截;果实遮荫防日灼 2. 进行苗圃地锄草,浇水,施肥,移栽,遮荫,搭架,拉铁丝,绑蔓。嫁接苗解绑,抹芽 3. 视病虫害发生情况进行防治。注意防治蛾类幼虫和成虫。设立灯光诱杀、化学诱杀点 4. 进行果园施肥灌水。根据缺素症状进行根际追肥或叶面喷肥 5. 注意排水防涝渍,预防干热风、暴风雨和冰雹
小暑 — 大暑	1. 进行夏季修剪:拉枝,绑蔓,抹芽,摘心,扭梢,打顶,短截。继续搞好果实遮荫 2. 进行苗圃地锄草,浇水,施肥,搭架,拉铁丝,绑蔓,摘心。对嫁接苗抹芽 3. 视病虫害发生情况进行防治。注意防治叶螨类 4. 进行果园施肥、灌水。根据缺素症状进行根际追肥或叶面喷肥 5. 注意排水防涝渍。预防干热风、暴风雨和冰雹
立秋 — 处暑	1. 进行夏季修剪:拉枝,绑蔓,抹芽,摘心,扭梢,打顶。前期继续搞好果实遮荫。后期进行早熟果实采收 2. 进行苗圃地锄草,浇水,施肥,嫁接。对更新园植株和野生猕猴桃植株进行高接换头 3. 对果园施肥灌水,根据缺素症状进行根际追肥或叶面喷肥。注意排水防涝渍 4. 视病虫害发生情况进行防治
白露 — 秋分	1. 采收中熟果实。采后进行果园施基肥和灌水 2. 进行苗圃地锄草,浇水,施肥 3. 对地膜覆盖制果园覆膜。在东南沿海地区,注意排水防涝渍 4. 视病虫害发生情况进行防治
寒露 — 霜降	1. 采收晚熟果实。注意防止气温骤降对树体或果实造成的危害 2. 施基肥,灌水 3. 对地膜覆盖制果园覆膜 4. 对新建园进行整地挖沟,填草,填肥和土,灌塌地水

节气	管理内容
立冬 — 小雪	1. 起苗 2. 进行新建园定植,幼园补栽 3. 对果园视旱情灌水。对树干涂白。在北方地区对猕猴桃进行绑草或埋土防寒
大雪 — 冬至	1. 起苗。对育苗用种子进行沙藏 2. 进行新建园定植,幼园补栽 3. 对果园灌越冬水。进行冬季修剪和清园。清园后对全园普喷一遍 3～5 波美度石硫合剂
小寒 — 大寒	1. 起苗 2. 进行新建园定植,幼园补栽 3. 对果园视旱情灌水。进行冬季修剪和清园

金盾版图书,科学实用,
通俗易懂,物美价廉,欢迎选购

葡萄优质高效栽培	15.00	柑橘整形修剪和保果技术	12.00
寒地葡萄高效栽培	13.00	柑橘病虫害诊断与防治原	
图说葡萄高效栽培关键		色图谱	26.00
技术	16.00	柑橘病虫害防治手册(第二	
大棚温室葡萄栽培技术	6.00	次修订版)	19.00
怎样提高葡萄栽培效益	12.00	特色柑橘及无公害栽培关	
提高葡萄商品性栽培技		键技术	11.00
术问答	8.00	橘柑橙柚施肥技术	10.00
葡萄病虫害及防治原色		碰柑优质丰产栽培技术(第	
图册	17.00	2版)	13.00
葡萄整形修剪图解	6.00	图说早熟特早熟温州密柑	
葡萄病虫害防治(修订版)	11.00	高效栽培关键技术	15.00
葡萄病虫害诊断与防治		金柑贮藏保鲜与加工技术	18.00
原色图谱	18.50	甜橙优质高产栽培	9.00
葡萄贮藏保鲜与加工技		甜橙柚柠檬良种引种指导	18.00
术	9.00	脐橙优质丰产技术	21.00
盆栽葡萄与庭院葡萄	7.00	脐橙整形修剪图解	6.00
中国现代柑橘技术	32.00	脐橙树体与花果调控技术	10.00
柑橘无公害高效栽培(第		柚优良品种及无公害栽培	
2版)	18.00	技术	14.00
柑橘优质丰产栽培300问	16.00	沙田柚优质高产栽培	12.00
柑橘黄龙病及其防治	11.50	无核黄皮优质高产栽培	8.00
金柑优质高效栽培	9.00	香蕉无公害高效栽培	14.00
南丰蜜橘优质丰产栽培	11.00	香蕉优质高产栽培(修订	
砂糖橘优质高产栽培	12.00	版)	10.00
柑橘整形修剪图解	12.00	香蕉标准化生产技术	9.00

以上图书由全国各地新华书店经销。凡向本社邮购图书或音像制品,可通过邮局汇款,在汇单"附言"栏填写所购书目,邮购图书均可享受9折优惠。购书30元(按打折后实款计算)以上的免收邮挂费,购书不足30元的按邮局资费标准收取3元挂号费,邮寄费由我社承担。邮购地址:北京市丰台区晓月中路29号,邮政编码:100072,联系人:金友,电话:(010)83210681、83210682、83219215、83219217(传真)。